WPS
AI智能办公
从入门到精通
（视频教学版）

柏先云 ◎ 编著

化学工业出版社
· 北京 ·

内 容 简 介

8大专题内容深度讲解，90多个热门、高频的WPS AI智能办公案例从入门到精通！

150多分钟教学视频讲解、137页PPT教学课件、135个素材与效果文件、50多组AI生成指令超值赠送！全书通过"技能+案例"两条线展开。

技能线：详细讲解了智能助手——WPS AI的基本用法，包括AI写作、AI问答、AI翻译、AI公式编写、AI图像分析及AI模板等。还介绍了WPS中工具的运用，涵盖文字、演示、表格、PDF、智能文档、智能表格、智能表单及WPS手机版等工具的使用技巧。

案例线：书中安排了让AI设计团建游戏方案、编写短视频广告脚本、起草请假条、生成数据营销报告PPT、生成工作总结汇报PPT、按条件标记数据、生成公式、筛选数据、检索PDF文档、总结分析PDF文章要点等实例，同时详细讲解了AI文档"公司年会邀请函"、AI演示"AI智能产品营销PPT"和AI表格"员工档案信息表"三大案例的制作方法。

本书结构清晰，案例丰富，适合以下人群阅读：WPS Office初学者；经常使用WPS和Office的办公人员，如财务会计人员、人事行政人员、办公文秘等人群；希望能实现办公更智能化、高效化的教师、文案写作者、自媒体运营人员或自由职业者等；也可作为计算机相关专业的教材。

图书在版编目（CIP）数据

WPS AI 智能办公从入门到精通：视频教学版 / 柏先
云编著 . —北京：化学工业出版社，2024.5 （2025.2重印）
ISBN 978-7-122-45316-7

Ⅰ.① W… Ⅱ.①柏… Ⅲ.①办公自动化 - 应用软件
Ⅳ.① TP317.1

中国国家版本馆 CIP 数据核字（2024）第 063046 号

责任编辑：李 辰 孙 炜 　　　　封面设计：昇一设计
责任校对：李 爽 　　　　　　　　装帧设计：盟诺文化

出版发行：化学工业出版社（北京市东城区青年湖南街13号　邮政编码100011）
印　　装：河北延风印务有限公司
787mm×1092mm　1/16　印张13　字数312千字　2025年2月北京第1版第3次印刷

购书咨询：010-64518888　　　　　　售后服务：010-64518899
网　　址：http://www.cip.com.cn
凡购买本书，如有缺损质量问题，本社销售中心负责调换。

定　　价：68.00元　　　　　　　　　　　　　　版权所有　违者必究

你是否曾经遇到过这样的困扰：在办公中遇到的问题，总是需要花费大量时间和精力去解决。其实，只要掌握一些实用技巧，就可以大大提高办公效率。现在，《WPS AI智能办公从入门到精通》就是你的最佳助手！本书旨在为读者提供一套全面、实用的指南，帮助读者充分利用WPS AI的各种功能，提升工作效率，适应智能办公的新时代。

WPS Office作为国内办公软件的佼佼者，拥有广泛的用户基础。而WPS AI则是WPS Office的智能化升级，通过人工智能技术为用户提供更高效、智能的服务。无论是文字处理、表格制作、幻灯片演示、图像分析，还是云存储、AI模板定制等，WPS AI都能满足用户的需求，让办公变得更加便捷、高效。

本书从实际应用出发，详细介绍了WPS AI的各种功能和操作技巧。通过图文并茂的方式，帮助读者快速理解并掌握WPS AI的核心功能。同时，结合丰富的案例和实践经验，引导读者逐步提高技能，从入门到精通。

本书紧跟时代潮流，将办公日常与WPS AI人工智能技术相结合，不论是文案创作、报告申请、广告脚本，还是工作总结汇报PPT、个人述职报告PPT，抑或是数据处理、分类计算数据、筛选数据、按条件标记数据等，我们都为读者提供了详细的操作指导和教学视频，并随书附赠PPT课件与电子教案，帮助读者快速上手，实现智能办公的飞跃。

综上所述，本书的推出将满足市场上广大读者的需求，并填补市场上缺乏的相关资源的空白，响应我国科技兴邦、实干兴邦的精神，为读者提供一种全新的学习路径，从WPS AI智能助手的基础入门知识到文字、演示、表格和PDF等工具的应用，再到结合WPS AI进行文本创作、演示制作、数据处理等，帮助读者从入门到精通WPS AI，逐步提升技能，在竞争激烈的职场中脱颖而出，让办公效率直线上升！

特别提示：在编写本书时，是基于当前WPS Office的界面截的实际操作图片，但书从编辑到出版需要一段时间，在此期间，这些软件的功能和界面可能会有变动，请在阅读时，根据书中的思路，举一反三，进行学习。还需要注意的是，即使是相同的关键词，WPS AI每次的回复也会有差别，因此在扫码观看教程时，读者应把更多的精力放在案例的实操步骤上。

本书由柏先云编著，参与编写的人员还有刘华敏等人，在此表示感谢。由于作者知识水平有限，书中难免有疏漏之处，恳请广大读者批评、指正，沟通和交流请联系微信：2633228153。

编著者

目录

CONTENTS

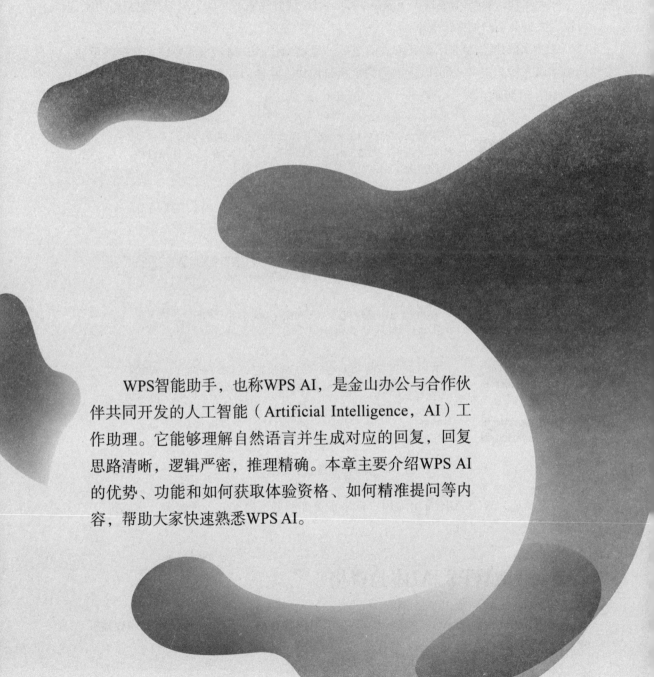

第 1 章
WPS 智能助手：AI 功能介绍

WPS智能助手，也称WPS AI，是金山办公与合作伙伴共同开发的人工智能（Artificial Intelligence，AI）工作助理。它能够理解自然语言并生成对应的回复，回复思路清晰，逻辑严密，推理精确。本章主要介绍WPS AI的优势、功能和如何获取体验资格、如何精准提问等内容，帮助大家快速熟悉WPS AI。

1.1 WPS AI六大优势

WPS AI可以帮助用户更高效地使用Office办公软件，例如自动修复笔误、智能排版等。当用户在创作时，WPS AI可以通过检测和分析用户的文字，快速找出可能存在的笔误和语法错误，并给出修改或优化的建议。

除此之外，WPS AI还提供了表格识别、图片裁剪及演示文稿生成等其他实用功能，可以大大提高用户的办公效率。

WPS AI的推出带来了交互方式的变革。通过AI技术，用户只需要输入文字甚至动动嘴（语音转文字），就可以让AI去帮忙执行操作。在使用过程中，它展现出了六大优势，如图1-1所示。

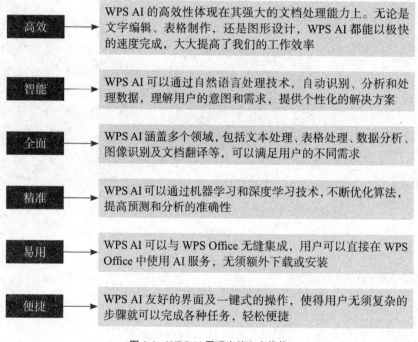

高效	WPS AI 的高效性体现在其强大的文档处理能力上。无论是文字编辑、表格制作，还是图形设计，WPS AI 都能以极快的速度完成，大大提高了我们的工作效率
智能	WPS AI 可以通过自然语言处理技术，自动识别、分析和处理数据，理解用户的意图和需求，提供个性化的解决方案
全面	WPS AI 涵盖多个领域，包括文本处理、表格处理、数据分析、图像识别及文档翻译等，可以满足用户的不同需求
精准	WPS AI 可以通过机器学习和深度学习技术，不断优化算法，提高预测和分析的准确性
易用	WPS AI 可以与 WPS Office 无缝集成，用户可以直接在 WPS Office 中使用 AI 服务，无须额外下载或安装
便捷	WPS AI 友好的界面及一键式的操作，使得用户无须复杂的步骤就可以完成各种任务，轻松便捷

图1-1 WPS AI 展现出的六大优势

综上所述，WPS AI的推出为用户带来了更加智能、便捷的处理服务，大幅提升了用户的工作效率和便利性。

1.2 获取WPS AI体验资格

用户要想使用WPS AI，需要先获取WPS AI体验资格，待获得WPS AI使用权益后，即可下载WPS客户端或App进行使用。

1.2.1　在线申请AI体验资格

不论是WPS的企业用户还是个人用户，都可以在线申领WPS AI体验资格，其领取方法如图1-2所示。

企业用户 ——▶ 企业用户可以通过购买 WPS 360 会员套餐，获得 3 个月 WPS AI 体验资格

个人用户 —— 第 1 种方法：在 WPS AI 官网登录账号，单击"快速通道"按钮，如图 1-3 所示，通过购买会员领取 WPS AI 体验资格

第 2 种方法：在 WPS AI 官网单击"排队申请"按钮，进入"智能办公体验官申请表"页面，如图 1-4 所示，在其中填写邮箱、姓名、手机号、行业及职位等个人信息，越详细越好，提交申请表后等待一段时间，即可收到包含邀请码的邮件或短信通知，获得 WPS AI 体验资格

图 1-2　企业用户与个人用户领取 WPS AI 体验资格的方法

图 1-3　单击"快速通道"按钮

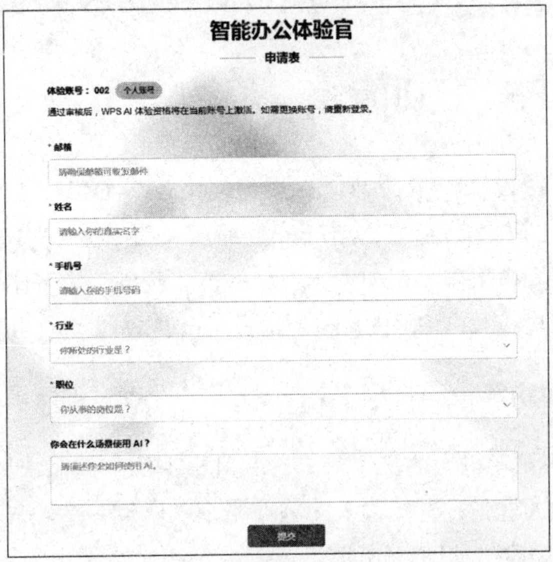

图 1-4　进入"智能办公体验官申请表"页面

1.2.2　下载Win客户端

在获得WPS AI使用权益后，用户可以在WPS AI官网首页，❶单击"下载体验"按钮；在弹出的下拉列表中选择需要的客户端或App进行下载，❷例如，此处选择"Win客户端"选项，如图1-5所示。

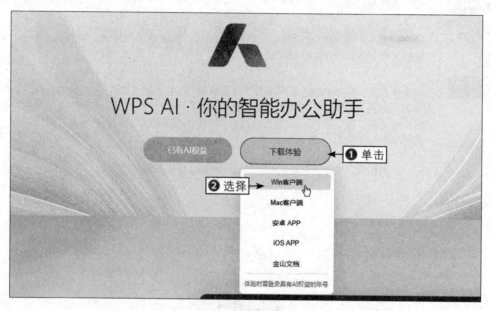

图 1-5　选择"Win 客户端"选项

执行操作后，即可将WPS Win客户端下载到电脑中，双击下载的安装包，根据指引进行软件安装。安装完成后，用户即可在WPS中唤起WPS AI直接使用。

1.3　了解WPS AI功能

WPS AI是一个强大的AI工作助理，在用户使用WPS Office办公软件进行写作、排版、表格制作或PPT（演示文稿，PowerPoint的缩写）创作时，WPS AI都能提供实用的帮助，以便用户可以提高工作效率和生产力。本节将帮助大家了解WPS的文字AI功能、演示AI功能、表格AI功能和PDF（Portable Document Format）AI功能。

1.3.1　了解文字AI功能

WPS AI能够理解用户输入的文字需求，并且根据用户的需求提供相应的文字创作服务。例如，在AI输入框中，直接输入问题或指令"解释一下App"，按【Enter】键发送，即可获得生成的内容，如图1-6所示。

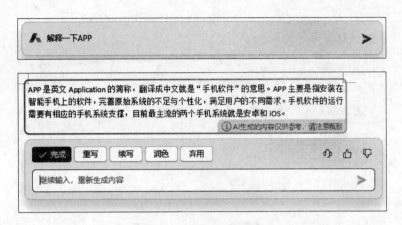

图 1-6　WPS AI 生成的内容

单击"完成"按钮，即可完成AI创作；单击"重写"按钮，可以重新生成回复内容；单击"续写"按钮，可以继续编写内容；单击"润色"按钮，可以对生成的内容进行修饰、加工，使生成的内容变得更加精彩；单击"弃用"按钮，可以放弃AI生成的内容；用户还可以在下方的文本框中继续输入要求，让AI根据新的要求重新生成内容。

WPS AI可以为用户生成工作总结、广告文案、社媒推文、文章大纲、招聘文案、待办事项、创意故事及会议纪要等多种类型的文本，如图1-7所示。

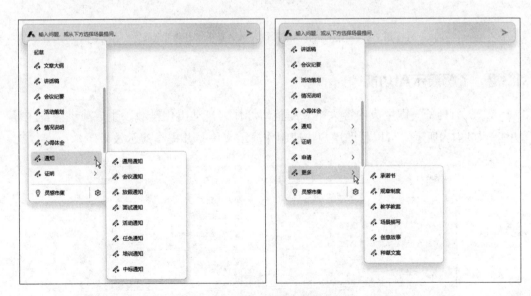

图 1-7　WPS AI 可以生成的多种类型的文本

此外，用户在生成工作周报时还可以将已有的文档插入到AI的输入框中，作为AI内容生成的参考素材，如图1-8所示，使生成的内容更符合用户的需求和风格。用户可以在文本框中输入@来选择文档，或者单击文本框中的 ⊘ 按钮来选择文档。

图 1-8　将已有的文档插入到 AI 输入框中作为参考素材

1.3.2　了解演示AI功能

　　WPS AI具备一键生成内容大纲及完整幻灯片、自动美化排版、生成演讲稿备注等功能，如图1-9所示，可以帮助用户快速制作演示文稿，并提高演示效果。

图 1-9　WPS 具备的部分演示 AI 功能

用户只需输入一个主题，WPS AI就能根据主题自动生成内容大纲和完整的幻灯片，如图1-10所示。

图 1-10　输入主题生成内容大纲

同时，用户还可以根据自己的需求进行一键切换主题、配色、字体等操作，使幻灯片更加美观和易读。此外，用户还可以选择生成全文演讲备注，WPS AI可自动为每一页生成演讲备注，如图1-11所示，帮助用户快速完成演讲稿，使演讲更加得心应手。

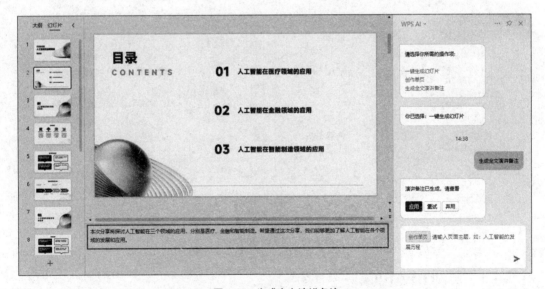

图 1-11　生成全文演讲备注

1.3.3　了解表格AI功能

WPS AI能够在表格中便捷地做数据处理和分析。例如，用户可以直接向WPS AI提出计算需求或发送指令，让WPS AI帮写函数公式并直接给出计算结果，如图1-12所示。

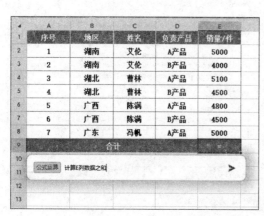 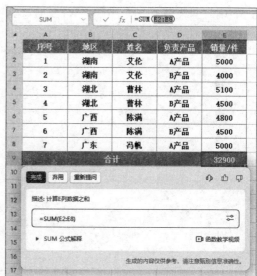

图 1-12　让 WPS AI 帮写函数公式并直接给出计算结果

　　此外，WPS AI 还具备按条件标记数据、筛选排序、分类计算、智能抽取及智能翻译等表格功能，如图 1-13 所示。

 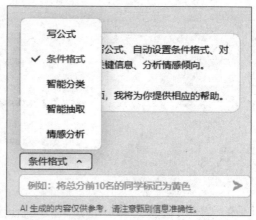

图 1-13　其他表格 AI 功能

1.3.4　了解 PDF AI 功能

　　WPS AI 在 PDF 中提供了"内容提问"功能，可以快速进行文意理解、内容识别与分析，帮助用户提取 PDF 文件中的内容，并实现 PDF 内容的概括、总结和提炼等，如图 1-14 所示。

　　同时，WPS AI 还支持 PDF 内容的问答和溯源等功能，用户可以直接在输入框中输入提问内容或指令，要求 AI 追溯原文并对相应内容进行检索，如图 1-15 所示，使用户能够更加方便地获取 PDF 文件中的信息。

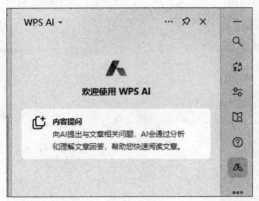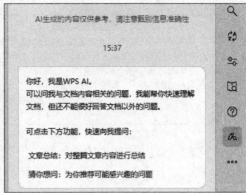

图 1-14　PDF AI 功能

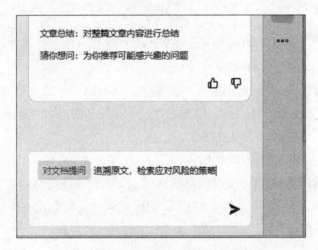

图 1-15　要求 AI 追溯原文并对相应内容进行检索

1.4　如何对WPS AI精准提问

WPS AI是一个基于大语言模型下的生成式人工智能应用，支持多轮对话，它能够理解自然语言并生成对应的回复。为了在WPS AI中获得需要的答复，首先需要掌握一些精准提问的技巧。

1. 明确问题的主题和内容

在提问前，用户需要清晰地了解自己要询问的是什么问题，问题的主题和内容是什么，需要清晰地整理和描述问题，以确保问题明确、具体和可理解，这样可以帮助AI更好地理解用户的需求，并给出更准确的答案。例如，想询问如何在WPS文档中插入图片，此时应该明确这是关于WPS文档操作的问题，并具体说明插入图片的操作步骤，可以向WPS AI提问"在WPS文档中插入图片的操作步骤是什么"，稍等片刻即可获得WPS AI的回复，如图1-16所示。

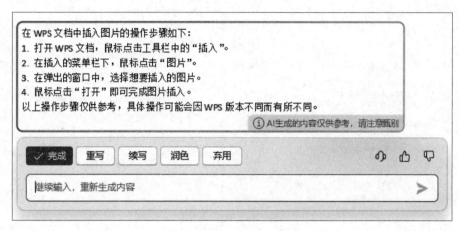

图 1-16　向 WPS AI 明确提问并获得回复

可以看到AI生成的内容准确回复了在WPS文档中插入图片的操作步骤。

2. 使用关键词来引导AI回答

关键词可以帮助AI更好地理解用户的需求，并给出更准确的答案。例如，当使用关键词"在WPS文档中"时，AI可以理解这是一个关于WPS文档操作的问题，并能够给出"插入图片"的操作步骤。

3. 尽量避免使用否定语句

否定语句可能会使AI难以理解问题的真正含义，应该使用肯定的表述来明确问题。例如，不要问"怎么不创建一个文件夹"，而应该问"如何创建一个新的文件夹"，前者与后者提问后的回复效果如图1-17所示。

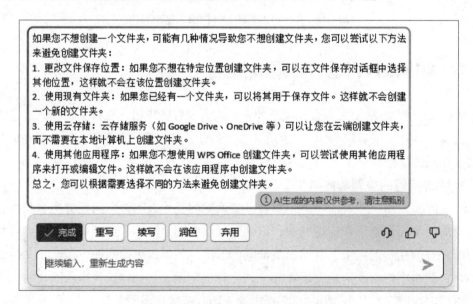

提问"怎么不创建一个文件夹"获得的回复

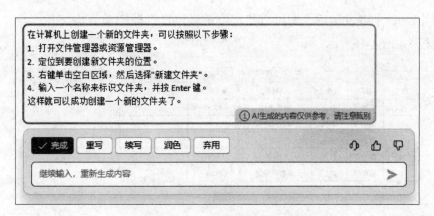

提问"如何创建一个新的文件夹"获得的回复

图 1-17　前者与后者提问后的回复效果

4.尽量避免使用俚语或缩写

俚语和缩写可能会使AI无法正确理解我们的意图，从而无法给出准确的答案。因此，应该使用正式和标准的语言来描述问题。例如，不要使用"拷贝"代替"复制"，不要使用"简写"代替"缩写"。

5.尽量避免使用主观语言

用户在提问时，应该客观地描述问题，以便AI能够给出准确的答案。例如，不要说"我认为这个文件应该在这里"，而应该客观地描述文件的位置和需要操作的内容。例如，在WPS AI对话输入框中输入指令"在表格中，将E3和E6单元格（数据位置）中的数据相加（操作），并将计算结果置于F3单元格中（结果）"，如图1-18所示。

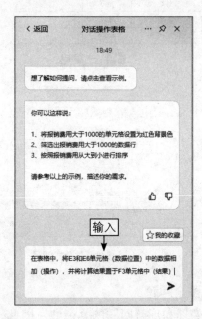

图 1-18　在 WPS AI 对话输入框中输入指令

11

按【Enter】键发送后，即可直接定位结果位置，即F3单元格，并打开"AI写公式"面板，如图1-19所示。

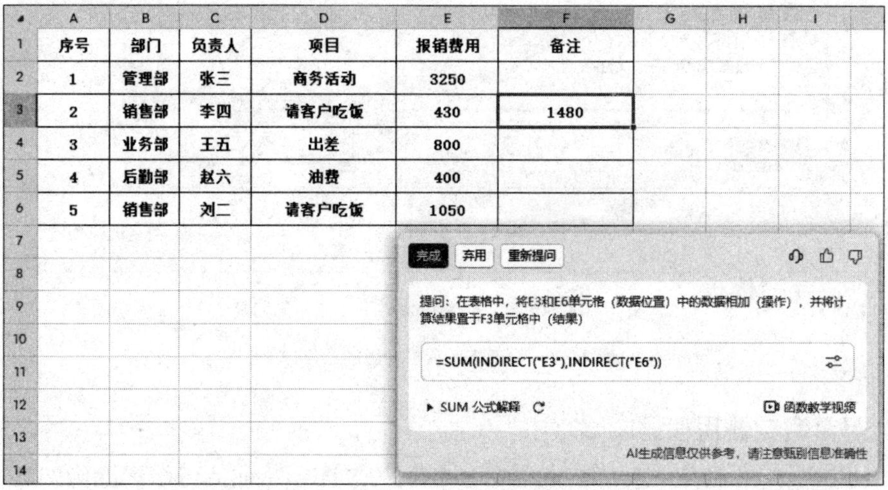

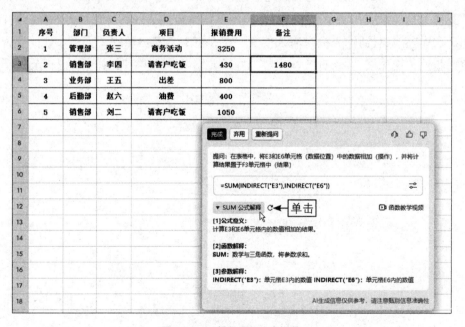

图1-19　直接定位结果位置并打开相应面板

单击"SUM公式解释"按钮，AI即可提供函数公式解释，如图1-20所示。单击"完成"按钮，即可完成公式运算。

图1-20　AI提供函数公式解释

6. 尽量避免一次提问多个问题

多个问题会使AI难以处理和理解问题的复杂性。因此，在提问时应该逐个提问，并等待AI回答完毕后再问下一个问题。当用户一次性向WPS AI提出多个问题时，如"如何在WPS文档中插入图片？如何调整字体大小？"很可能会导致回复内容错乱，因此应该一个一个地提问，"如何在WPS文档中插入图片？"和"如何调整字体大小？"

7. 检查语法和拼写

在提交问题之前，要检查语法和拼写。如果语法和拼写有误，可能会使AI无法正确理解问题的含义。例如，如果用户把"拷贝"写成"copy"，AI可能无法正确理解用户的意图。

8. 套用指令模板

用户在编写指令时可以参考"你的需求+细节要求"，影响生成需求内容的因素有很多，用户可以在指令中适当加入细节要求。例如，向WPS AI发送指令"生成一份旅游计划"，获得的回复如图1-21所示。

图 1-21　向 WPS AI 发送指令获得回复

可以看到，这个指令随机生成了一份目的地为中国云南省、为期7天的旅游计划，这是由于没有给WPS AI提供细节要求导致的。接下来为该指令添加地点、时间及旅游资金等细节要求，如"生成一份在重庆为期3天的旅游计划，旅游资金为2000元"，WPS AI即可提供一份更加详细、精准的旅游计划，效果如图1-22所示。

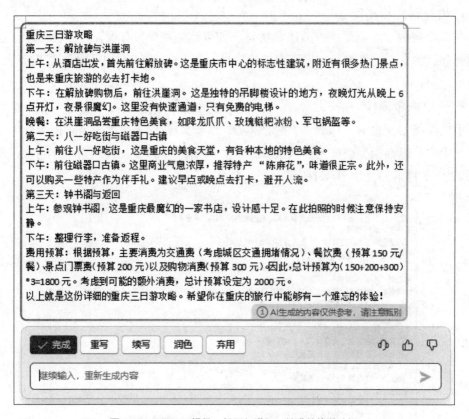

图1-22　WPS AI 提供一份更加详细、精准的旅游计划

综上可以得出，用户在进行提问时尽量将问题写得明确、详细，提供的信息资料越多，越便于WPS AI理解用户的需求，从而生成精准的、令用户满意的答复。

9. 赋予特定身份

用户在向WPS AI提问时，可以赋予其身份，例如让WPS AI充当人事经理，对招聘规划相关问题给出建议，WPS AI会生成更有参考价值的答案。

最后，如果用户有任何疑问或困惑，可以随时寻求帮助。WPS AI通常会提供在线帮助文档、社区论坛等支持渠道，以帮助用户解决问题。例如，用户可以查看WPS AI的官方网站或者联系客服以获取更多帮助。

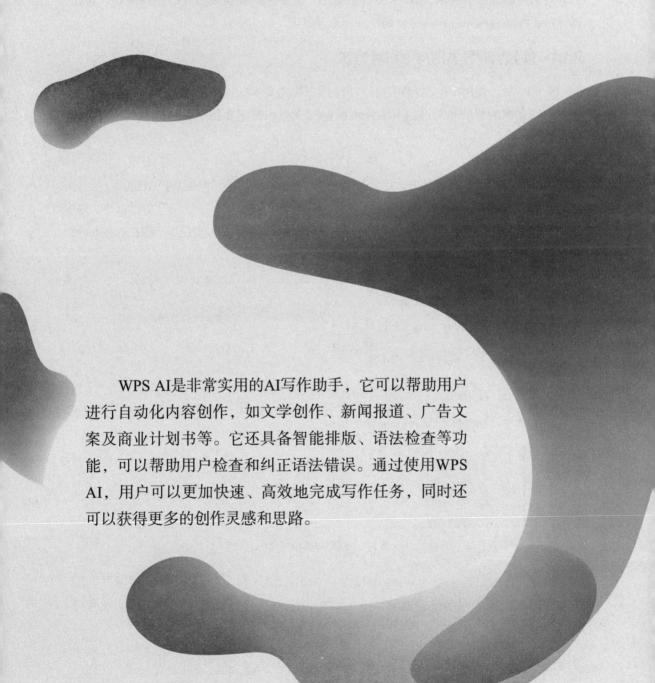

第 2 章

AI 写作助手: 自动化内容创作

WPS AI是非常实用的AI写作助手, 它可以帮助用户进行自动化内容创作, 如文学创作、新闻报道、广告文案及商业计划书等。它还具备智能排版、语法检查等功能, 可以帮助用户检查和纠正语法错误。通过使用WPS AI, 用户可以更加快速、高效地完成写作任务, 同时还可以获得更多的创作灵感和思路。

2.1 通过AI进行内容处理

WPS AI基于自然语言处理技术，可以理解用户输入的文本，并自动生成回复、文章、报告等文本内容。当用户使用WPS AI进行创作时，可以通过简单的语音指令或文字输入来传达想法和要求，WPS AI会根据用户的要求自动生成相应的文档内容。除此之外，还可以对内容进行续写、润色、缩短及扩充。

2.1.1 唤起WPS AI助手的8种方法

在WPS中，使用WPS AI助手可以帮助用户编辑文本、回答问题、解决问题及提供有关WPS文档的帮助和知道。下面介绍在WPS文档和智能文档中唤起WPS AI助手的8种方法。

1. 快捷键唤起

在打开的WPS文档页面中，连续按下两次【Ctrl】键，即可唤起WPS AI助手。

2. 段落柄唤起

在打开的WPS文档页面中，❶单击页面左侧的"段落柄"按钮⠿；❷在弹出的列表中选择WPS AI选项，如图2-1所示。

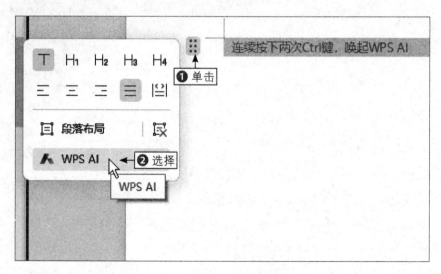

图2-1 选择WPS AI选项

执行操作后，即可唤起WPS AI助手，弹出AI输入框，如图2-2所示。用户可以在AI输入框中输入问题进行提问，也可以在弹出的下拉列表中选择相应的场景进行提问。

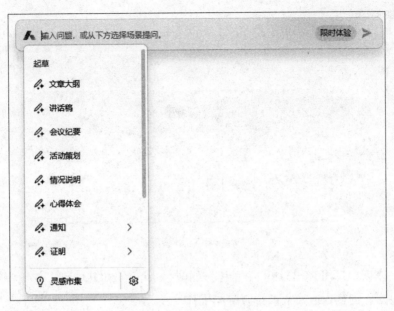

图 2-2 弹出 AI 输入框

3. 悬浮面板唤起

在WPS文档页面中，选择输入的文字，即可弹出设置文字的悬浮面板，在面板中单击WPS AI按钮，即可唤起WPS AI助手，如图2-3所示。

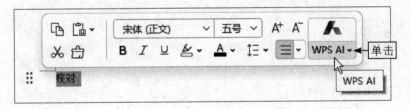

图 2-3 单击 WPS AI 按钮

除此之外，单击鼠标右键，也会弹出悬浮面板，如图2-4所示。

图 2-4 弹出悬浮面板

4. 菜单栏唤起

WPS文档页面上方是菜单栏和功能区，在菜单栏上单击WPS AI标签，如图2-5所示。

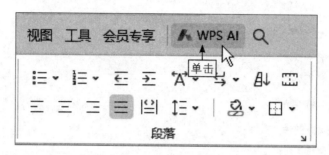

图 2-5　单击 WPS AI 标签

执行操作后，即可弹出WPS AI面板，如图2-6所示，在其中可以使用WPS AI助手执行文档阅读、内容生成及文档排版等AI操作。

5. 任务窗格唤起

当用户通过菜单栏打开过WPS AI面板后，在文档页面右侧的任务窗格中，即可显示WPS AI按钮，单击该按钮，如图2-7所示，即可再次打开WPS AI面板，以唤起WPS AI助手。

图 2-6　弹出 WPS AI 面板

图 2-7　单击 WPS AI 按钮

6. ➕按钮唤起

在WPS智能文档中，❶单击左侧的➕按钮；❷在弹出的下拉列表中选择WPS AI选项，如图2-8所示，即可唤起WPS AI助手。

7. 输入"/"唤起

在WPS智能文档中，❶输入"/"符号；❷在弹出的下拉列表中选择WPS AI选项，如图2-9所示，即可唤起WPS AI助手。

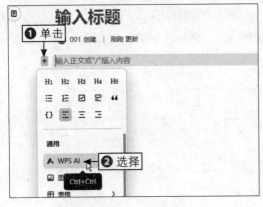

图2-8　选择WPS AI选项（1）　　　　图2-9　选择WPS AI选项（2）

8. 功能区唤起

在WPS智能文档的功能区中，❶单击"插入"按钮；❷在弹出的下拉列表中选择WPS AI选项，如图2-10所示，即可唤起WPS AI助手。

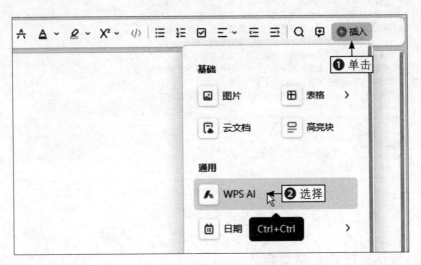

图2-10　选择WPS AI选项（3）

★ 专家提醒 ★

在WPS智能文档中，用户也可以通过悬浮面板唤起WPS AI助手，操作与在WPS文档中的唤起操作是一样的。

2.1.2 输入问题让AI生成内容

WPS AI以其强大的自然语言理解和回复能力，正在成为人们工作中不可或缺的得力助手。无论是在医疗、教育等公共服务领域，还是在商业、科技等其他领域，WPS AI都能够为用户提供更高效、更便捷的工作体验。下面将向大家介绍在WPS文档页面中通过输入问题让AI生成内容的操作方法。

步骤 **01** 打开一个WPS空白文档，唤起WPS AI，在输入框中输入问题"人工智能有哪些应用领域？"如图2-11所示。

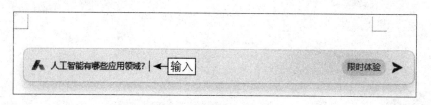

图 2-11 在输入框中输入问题

步骤 **02** 按【Enter】键发送，稍等片刻，即可获得AI生成的回复内容，单击"完成"按钮，如图2-12所示，即可将回复的内容自动插入到文档中。

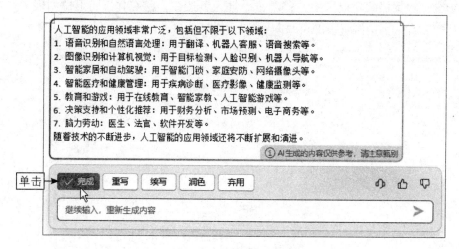

图 2-12 单击"完成"按钮

2.1.3 选择场景让AI起草文章

除了直接在AI输入框中提问，用户还可以在AI输入框下方的下拉列表中选择对应的场景让AI起草文章，下面介绍具体的操作方法。

步骤 **01** 打开一个WPS空白文档，唤起WPS AI，在输入框下方选择一个场景选项，这里选择"活动策划"选项，如图2-13所示。

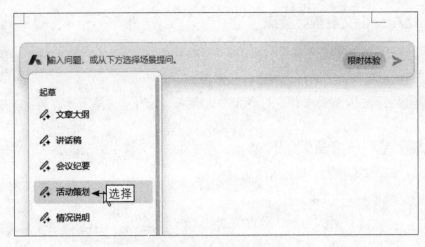

图 2-13　选择"活动策划"选项

步骤02 执行操作后，即可进入"活动策划"起草模式，在输入框内自动创建一个活动策划模板，在文本框中输入活动策划主题"缘梦七夕"，如图2-14所示。

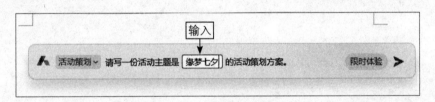

图 2-14　输入活动策划主题

步骤03 单击➤按钮发送，稍等片刻，即可获得AI生成的活动策划方案，部分内容如图2-15所示，单击"完成"按钮，如果有需要修改的内容，可以在文档中直接进行修改。

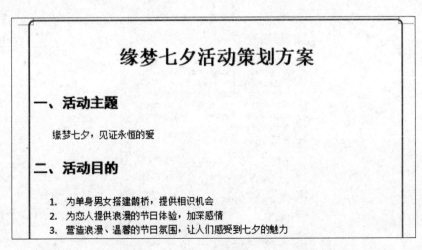

图 2-15　AI 生成的活动策划方案（部分内容）

2.1.4 让AI分析文章核心要点

WPS AI可以在现有的文档中分析内容，找准切入点，对全文进行分析，并总结文章核心要点，下面介绍具体的操作方法。

步骤01 打开一个WPS文档，打开WPS AI面板，选择"文档阅读"选项，如图2-16所示。

步骤02 进入"文档阅读"对话面板，在下方的输入框中输入指令"让AI分析文章核心要点"，如图2-17所示。

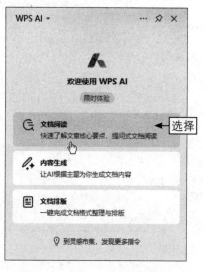

图 2-16 选择"文档阅读"选项

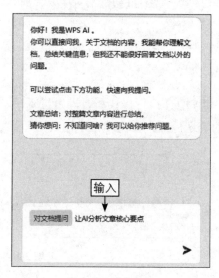

图 2-17 输入指令

步骤03 按【Enter】键发送，稍等片刻，即可生成内容，如图2-18所示。单击"复制"按钮，可以将内容复制到文档中保存。

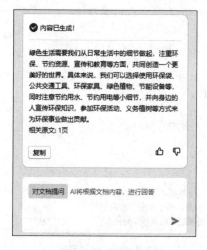

图 2-18 生成内容

★ 专家提醒 ★

用户也可以单击AI对话框中的"文章总结：对整篇文章内容进行总结"功能对全文进行总结。或者单击"猜你想问：不知道问啥？我可以给你推荐问题"功能，让AI推荐感兴趣的问题进行提问。

2.1.5 让AI进行内容续写

扫码看教学视频

WPS AI可以根据用户提供的上下文信息，例如文章的主题、摘要和段落结构等信息，自动续写内容。下面介绍让AI进行内容续写的操作方法。

步骤01 打开一个WPS文档，其中已经编写好了一部分文章摘要内容，在文本结束位置另起一行，唤起WPS AI，在输入框下方的下拉列表中选择"续写"选项，如图2-19所示。

步骤02 发送指令，稍等片刻，WPS AI即可自动进行内容续写，效果如图2-20所示。单击"完成"按钮，即可将AI续写的内容自动插入到文档中。

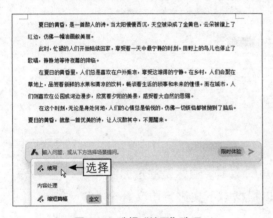

图2-19 选择"续写"选项

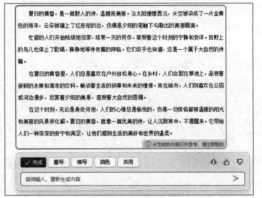

图2-20 AI自动进行内容续写

★ 专家提醒 ★

用户在编写AI生成指令时，可以添加AI生成的参数，例如生成长度、温度（控制文本的可读性）等，以获得更好的生成结果。一旦AI生成了新的文本，用户需要检查其质量。如果发现错误或不合适的地方，用户可以重新调整参数并重新生成。

2.1.6 让AI进行内容润色

让AI进行内容润色是一种高效且自动化的方法，可以帮助用户改进文章的质量和可读性。尽管AI可以自动润色文章，但有时候需要添加一些修辞手法或表达方式来增强文章的情感和说服力。尝试使用比喻、拟人或类比等修辞手法来可以使文章更具吸引力。下面介绍让AI进行内容润色的操作方法。

步骤 **01** 打开一个WPS文档，其中已经编写好了一段文本内容，在文本结束位置另起一行，唤起WPS AI，在输入框下方的下拉列表中选择"润色"|"更活泼"选项，如图2-21所示。

步骤 **02** 发送指令，稍等片刻，WPS AI即可进行内容润色，将原文改得更加活泼，效果如图2-22所示。单击"完成"按钮，用户可以将原文删除，保留AI生成的内容。

图 2-21　选择"更活泼"选项

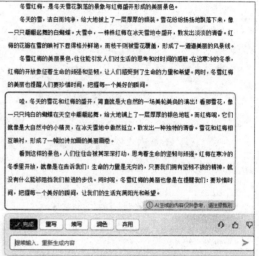

图 2-22　AI 进行内容润色

2.1.7　让AI缩短文章篇幅

扫码看教学视频

通过WPS AI可以自动将文章转化为更短的文本，通常是通过删除冗余词汇、短语和句子来实现的。此外，还可以根据上下文进行语义补全，以保持文章的可读性和连贯性。

需要注意的是，虽然AI可以缩短文章篇幅，但应该谨慎使用。在压缩文章时，需要确保不会失去文章的重要信息和观点。同时，应该尊重原创作者的权益，不要使用AI工具来大规模地缩短文章篇幅并作为自己的作品发布。

下面介绍让AI缩短文章篇幅的操作方法。

步骤 **01** 打开一个WPS文档，其中已经编写好了一段文本内容，❶按【Ctrl+A】组合键全选全文；唤起WPS AI，用户可以在输入框下方的下拉列表中直接选择"缩短篇幅"选项，❷也可以在输入框中输入指令"将文档中的内容篇幅缩短至100字左右"，如图2-23所示。

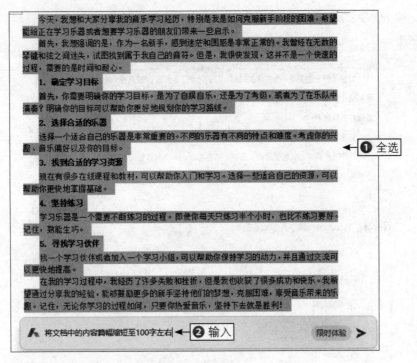

图 2-23　输入指令

步骤02 发送指令，稍等片刻，WPS AI即可根据指令缩短文章篇幅，效果如图2-24所示。可以看到WPS AI删减了很多内容，但文中重要的几个观点都保留下来，单击"完成"按钮，即可将AI生成的内容自动插入到文档中。

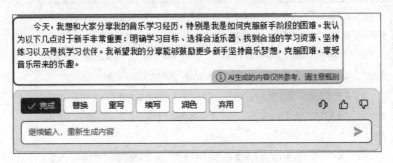

图 2-24　AI 根据指令缩短文章篇幅

2.1.8　让AI扩充文章篇幅

扫码看教学视频

利用AI进行文章扩充可以有效地增加文章的篇幅，提高文章的丰富度和深度，同时也能提高用户的创作效率和质量。下面介绍在WPS中让AI扩充文章篇幅的操作方法。

步骤01 打开一个WPS文档，其中已经编写好了一段文本内容，在结束位置另起一行，唤起WPS AI，在输入框下方的下拉列表框中直接选择"扩充篇幅"选项，如图2-25所示。

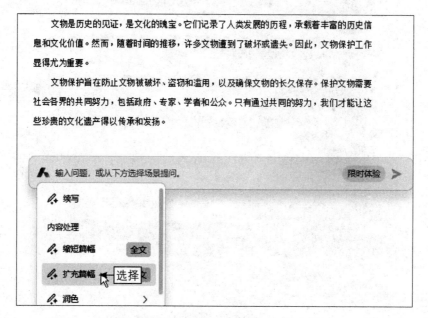

图 2-25　选择"扩充篇幅"选项

步骤02 发送指令，稍等片刻，WPS AI即可扩充文章篇幅，效果如图2-26所示。单击"完成"按钮，即可将AI生成的内容自动插入到文档中。

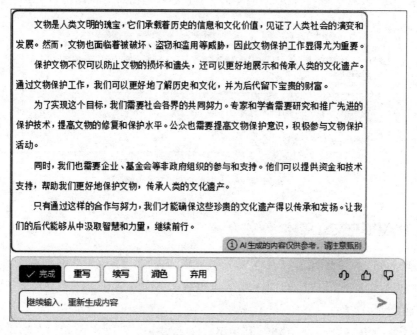

图 2-26　AI 扩充文章篇幅

2.2 通过智能文档在线创作

WPS智能文档支持多人协作编辑，可以邀请团队成员共同编辑文档，并实时同步更新。在文档中添加评论和批注也方便团队成员之间进行交流和讨论。通过WPS智能文档在线创作和编辑文档，可以高效地创建、编辑和共享文档，提高团队协作效率。用户只需要在WPS首页，❶单击"新建"按钮；❷在弹出的列表中单击"智能文档"按钮，进入"新建智能文档"界面；❸通过选择不同的模板或单击"空白智能文档"按钮，创建智能文档即可，如图2-27所示。

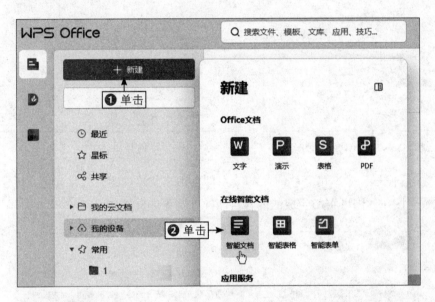

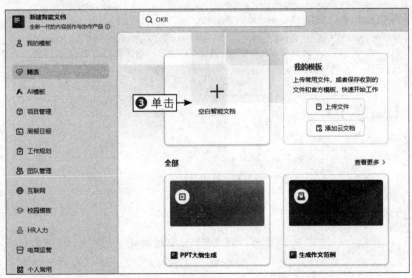

图 2-27 创建智能文档的方法

2.2.1　与AI对话生成文档内容

在智能文档中，跟在WPS文档中一样，只需要唤起WPS AI，即可与AI进行对话并生成文档内容，下面介绍具体的操作方法。

步骤01 新建一个空白的智能文档，单击文档中的WPS AI按钮，如图2-28所示。

步骤02 唤起WPS AI，在输入框中输入指令"介绍一下中华缠枝纹薄胎玉壶"，如图2-29所示。

图 2-28　单击 WPS AI 按钮

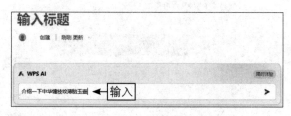

图 2-29　输入指令

步骤03 发送指令，稍等片刻，WPS AI即可生成文档内容，效果如图2-30所示。单击"完成"按钮，即可将AI生成的内容自动插入到智能文档中。

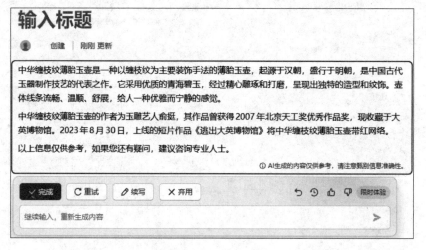

图 2-30　AI 生成文档内容

★ 专 家 提 醒 ★

在"输入标题"栏中单击，即可在其中输入文档标题。此外，智能文档是在线实时更新和保存的，将其关闭后，更换一台电脑，登录账号后，依旧能在线编辑创建的智能文档。

步骤04 删除最后一段话，❶在文档上方输入标题；❷单击"文件操作"按钮☰；❸在弹出的下拉列表中单击"下载"按钮，如图2-31所示。

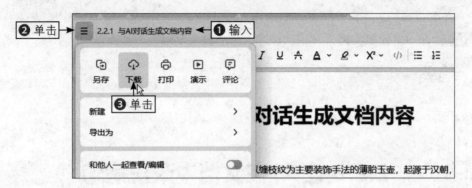

图 2-31 单击"下载"按钮

步骤05 弹出"下载"对话框，其中提供了PDF和Word两种文件类型供用户选择，这里单击"导出为Word"按钮，如图2-32所示，将文件导出为Word文档。

图 2-32 单击"导出为 Word"按钮

步骤06 弹出"选择文件夹"对话框，设置文件保存路径，如图2-33所示，单击"选择文件夹"按钮，即可将智能文档下载至指定位置。

图 2-33 设置文件保存路径

2.2.2 让AI在文档中改正病句

在智能文档中唤起WPS AI，可以通过"改正病句"功能对文档中的内容进行检索并改正病句，下面介绍具体的操作方法。

步骤01 打开一个智能文档，其中已经输入了一段文字内容，如图2-34所示。

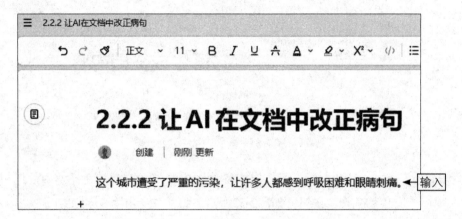

图 2-34　已输入一段文字内容

步骤02 唤起WPS AI，在输入框下方的下拉列表中选择"改正病句"选项，如图2-35所示。

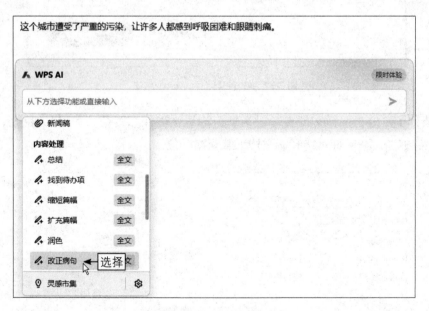

图 2-35　选择"改正病句"选项

步骤03 稍等片刻，WPS AI即可检索内容并指出病句，同时改正病句，效果如图2-36所示。单击"完成"按钮，即可将AI生成的内容自动插入到智能文档中。

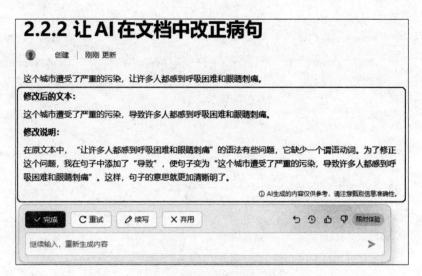

图 2-36　AI 检索出病句并改正

2.2.3　让AI转换文章风格

扫码看教学视频

在WPS文档中，用户通过AI"润色"功能可以选择所需风格改写文章。在WPS智能文档中，可以通过AI"转换风格"功能转换文章风格，下面介绍具体的操作方法。

步骤01 打开一个智能文档，如图2-37所示，其中已经输入了一段文章内容。

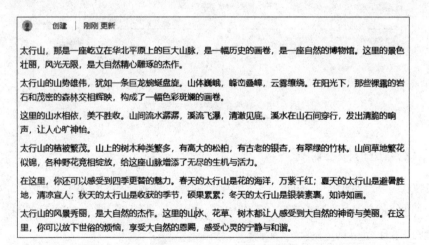

图 2-37　打开一个智能文档

步骤02 唤起WPS AI，在输入框下方的下拉列表中选择"转换风格"|"古文风"选项，如图2-38所示。

步骤03 稍等片刻，WPS AI即可将文章内容转换为古文风，效果如图2-39所示。单击"完成"按钮，即可将AI生成的内容自动插入到智能文档中。

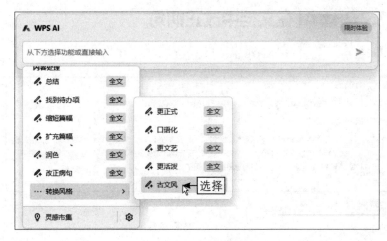

图 2-38　选择"古文风"选项

太行山者，乃华北之巨擘，历史之长卷，自然之博馆也。其景致壮丽，风光无限，乃大自然之精心雕琢。

太行山势雄伟，如巨龙盘旋。山体巍峨，峰峦叠嶂，云雾缭绕。阳光之下，裸露之岩石与茂密之森林交相辉映，色彩斑斓之画卷也。

山水相依，美不胜收。山间流水潺潺，溪流飞瀑，清澈见底。溪水于山石间穿行，响声清脆，心旷神怡也。

太行山植被繁茂。树木种类繁多，有高大的松柏，有古老的银杏，有翠绿的竹林。山间草地繁花似锦，各种野花竞相绽放，给这座山脉增添了无尽的生机与活力。

在此，你尚能感受四季更替之魅力。春日太行山乃花之海洋，万紫千红；夏日太行山乃避暑胜地，清凉宜人；秋日太行山乃收获之季节，硕果累累；冬日太行山乃银装素裹，如诗如画也。

太行山风景秀丽，乃大自然之杰作。其山水、花草、树木皆让人感受到大自然之神奇与美丽。在此，你可以放下世俗之烦恼，享受大自然之恩赐，感受心灵之宁静与和谐。

① AI生成的内容仅供参考，请注意甄别信息准确性。

✓ 完成　C 重试　✐ 续写　✕ 弃用　　　↺ ↻ 👍 👎 限时体验

继续输入，重新生成内容

图 2-39　AI 将文章内容转换为古文风

2.2.4　让AI进行内容翻译

扫码看教学视频

WPS AI可以协助用户对内容进行中英文翻译，翻译文档中的内容可以帮助用户更好地进行阅读和理解，借助WPS AI可以高质量、高效率地完成翻译工作，下面介绍具体的操作方法。

步骤01 打开一个智能文档，如图2-40所示，其中已经输入了需要翻译的内容。

步骤02 选择需要翻译的内容，唤起WPS AI，在输入框下方的下拉列表中选择"翻译为"|"中文"选项，如图2-41所示。

步骤03 稍等片刻，WPS AI即可将英文内容翻译成自然、流畅的中文，效果如图2-42所示。单击"完成"按钮，即可将AI生成的内容自动插入到智能文档中。

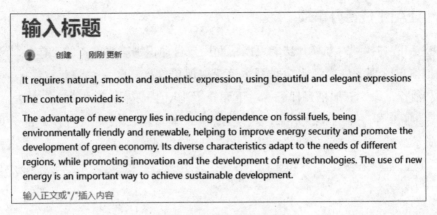

图 2-40 打开一个智能文档

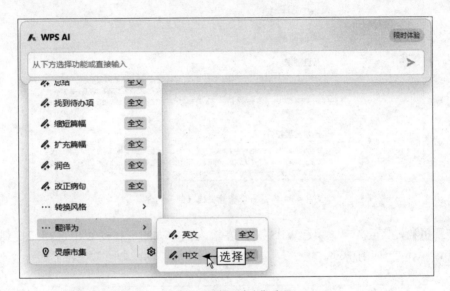

图 2-41 选择"中文"选项

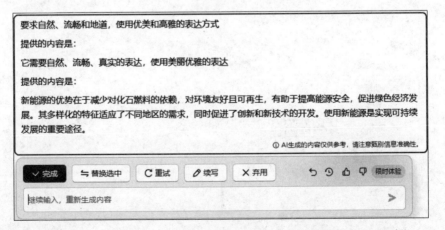

图 2-42 AI 将英文内容翻译成自然、流畅的中文

2.2.5　让AI生成待办事项

WPS AI的"找到待办项"功能可以帮助用户自动识别需要准备的工作，生成类似清单管理的内容，包括联系学校获取保单信息、联系医院获取诊断证明和治疗记录、获取项目任务等。下面介绍让AI生成待办事项的操作方法。

步骤 01 打开一个智能文档，其中已经输入了与项目相关的内容，部分内容如图2-43所示。

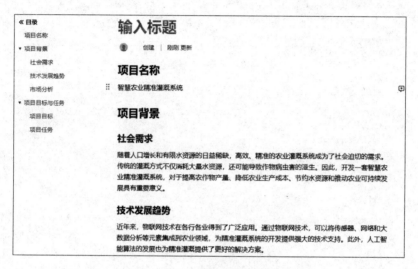

图 2-43　打开一个智能文档（部分内容）

步骤 02 下滑至文末，唤起WPS AI，在输入框下方的下拉列表中选择"找到待办项"选项，如图2-44所示。

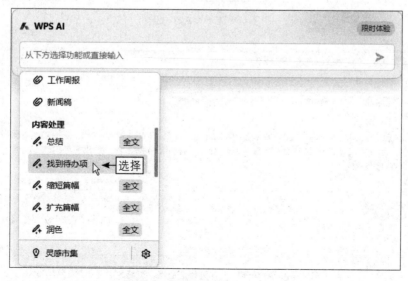

图 2-44　选择"找到待办项"选项

步骤 03 稍等片刻，WPS AI即可自动识别待办任务，生成任务清单，效果如图2-45所示。单击"完成"按钮，即可将AI生成的内容自动插入到智能文档中。

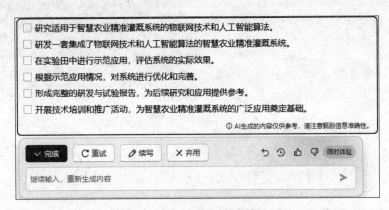

图2-45 AI生成待办任务清单

步骤 04 选中待办事项前面的复选框，表示该事项已完成，效果如图2-46所示。用户可以每完成一项任务，就在事项前面选中复选框，以便其他一起协作办公的同事及时了解项目完成进度。

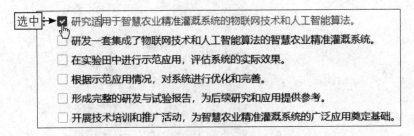

图2-46 选中待办事项复选框

2.2.6 智能添加文档封面

扫码看教学视频

在WPS智能文档中，用户可以在文档的顶部添加一张图片或一个预设的封面样式，以提升文档的整体外观和吸引力，帮助用户在众多文档中脱颖而出。下面介绍智能添加文档封面的操作方法。

步骤 01 新建一个智能文档，在顶部单击"添加封面"按钮，如图2-47所示。

步骤 02 执行操作后，即可在文档顶部添加一个随机封面，效果如图2-48所示。

步骤 03 将鼠标指针移至封面上，即可显示"更换""调整""移除"3个按钮，单击"更换"按钮，如图2-49所示，弹出下拉列表，其中显示了"图库"和"本地上传"两个选项卡，用户可以在"图库"选项卡中选择一张喜欢的图片当作封面，也可以在"本地上传"选项卡中上传自己的图片作为封面。

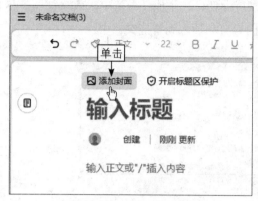

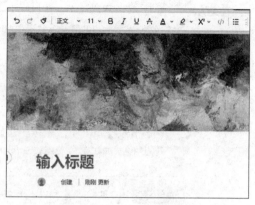

图 2-47　单击"添加封面"按钮　　　　　　图 2-48　添加一个随机封面

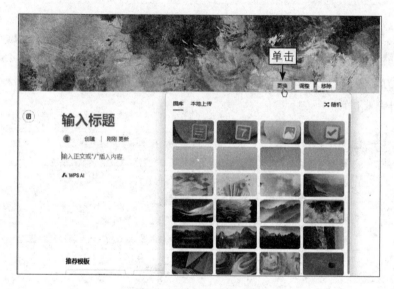

图 2-49　单击"更换"按钮

★ 专 家 提 醒 ★

在封面上单击"调整"按钮，可以通过拖曳图片，调整图片显示的画面内容；单击"移除"按钮，即可移除封面图片。

此外，当用户已经设置好了标题和封面后，如果不想其他人来修改，可以单击"开启标题区保护"按钮，开启保护，仅自己可编辑标题和封面。

2.2.7　查看历史协作记录

WPS智能文档可以记录文档写作编辑的历史信息，用户如果想了解有哪些成员参与了文档的编辑，以及他们编辑的内容和时间，可以通过"协作记录"功能查看历史协作记录，下面介绍具体的操作方法。

扫码看教学视频

步骤 01 打开一个智能文档，如图2-50所示。

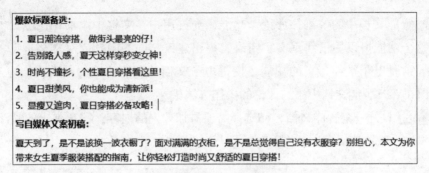

> **爆款标题备选：**
>
> 1. 夏日潮流穿搭，做街头最亮的仔！
>
> 2. 告别路人感，夏天这样穿秒变女神！
>
> 3. 时尚不撞衫，个性夏日穿搭看这里！
>
> 4. 夏日甜美风，你也能成为清新派！
>
> 5. 显瘦又遮肉，夏日穿搭必备攻略！
>
> **写自媒体文案初稿：**
>
> 夏天到了，是不是该换一波衣橱了？面对满满的衣柜，是不是总觉得自己没有衣服穿？别担心，本文为你
> 带来女生夏季服装搭配的指南，让你轻松打造时尚又舒适的夏日穿搭！

图 2-50　打开一个智能文档

步骤 02 ❶单击"文件操作"按钮 ☰ ；❷在弹出的下拉列表中选择"历史记录"｜"协作记录"选项，效果如图2-51所示。

步骤 03 弹出"协作记录"面板，其中显示了多项编辑记录，单击编辑记录后面的"查看详情"按钮 🔍 ，如图2-52所示。

图 2-51　选择"协作记录"选项

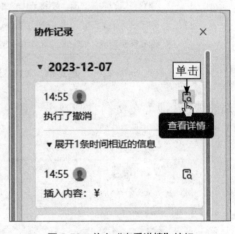

图 2-52　单击"查看详情"按钮

步骤 04 弹出相应的面板，其中显示了详细的编辑记录，单击右上角的"内容还原"按钮，如图2-53所示，即可还原该编辑操作。

图 2-53　单击"内容还原"按钮

2.2.8 选择内容添加评论

WPS智能文档中的"添加评论"功能，允许用户在文档中添加评论或标记。这个功能可以用于纠正文字错误、提出建议、回答问题或对文档进行修订。这是电子文档特有的功能，使得电子文档处理比传统的纸质文档更加高效。下面介绍在WPS智能文档中添加评论的操作方法。

步骤01 打开一个智能文档，❶选择需要添加评论的内容；❷在弹出的悬浮面板中单击"添加评论"按钮，如图2-54所示。

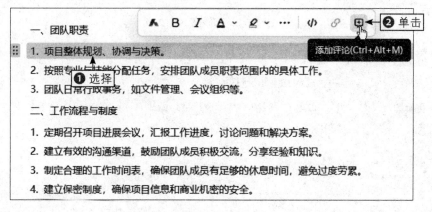

图2-54 单击"添加评论"按钮（1）

步骤02 即可在文档右侧弹出"评论"面板，在文本框中输入评论内容，效果如图2-55所示。

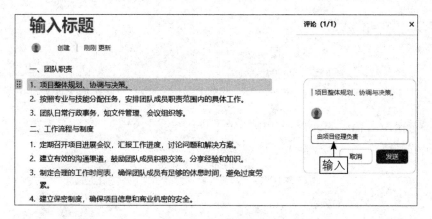

图2-55 输入评论内容

★ 专家提醒 ★

当在文本框中输入评论内容时，如果内容过多需要分段，可以按【Shift+Enter】组合键换行。

步骤03 单击"发送"按钮，即可添加评论，如图2-56所示。

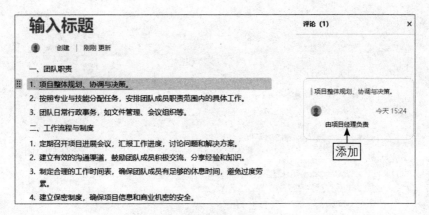

图 2-56　添加评论

步骤 04 将鼠标指针移至第2条职责内容上，在后面会显示"添加评论"按钮🗨，单击该按钮，如图2-57所示。

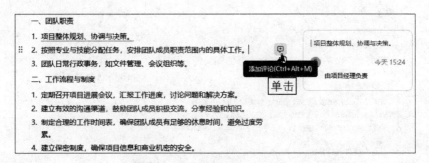

图 2-57　单击"添加评论"按钮（2）

步骤 05 执行操作后，添加第2个评论，效果如图2-58所示。

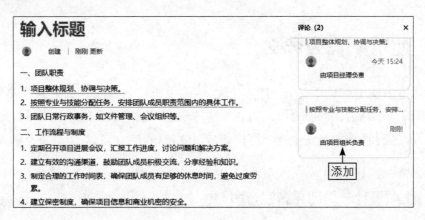

图 2-58　添加第 2 个评论

步骤 06 ❶选择第3条职责内容；❷在功能区中单击"添加评论"按钮🗨，如图2-59所示。

39

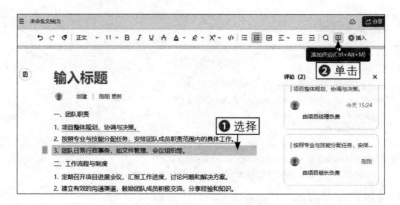

图 2-59　单击"添加评论"按钮（3）

步骤 07 执行操作后，添加第3个评论，效果如图2-60所示。

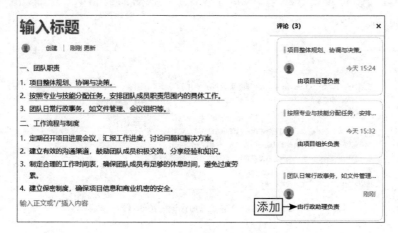

图 2-60　添加第 3 个评论

2.3　使用AI高效成文

在WPS中使用AI助手进行创作，可以帮助用户高效成文，大大提高写作效率，减少写作时间和精力，同时也可以提高文本的质量和准确性。这种技术可以应用于各种领域，如设计团建游戏、生成旅游计划、写短视频脚本、起草请假条及撰写广告文案等。

2.3.1　让AI设计一份团建游戏方案

团建游戏有助于提高团队凝聚力、激发成员的创新思维，还能增强领导能力、促进团队成员之间的交流和沟通。WPS AI可以根据团队人数和特点等，设计出能够增强团队合作的游戏，帮助参与者更好地了解彼此，下面介绍具体

扫码看教学视频

的操作方法。

步骤01 新建一个WPS空白文档，唤起WPS AI，在输入框中输入指令"设计一份团建游戏方案，参与人数20人，游戏目的：增强团队凝聚力、促进交流沟通"，如图2-61所示。

图2-61　输入指令

步骤02 单击➤按钮发送，稍等片刻，即可获得AI设计的团建游戏方案，如图2-62所示。

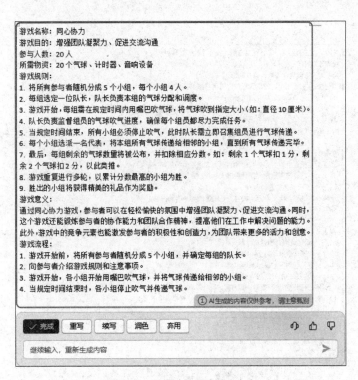

图2-62　AI设计的团建游戏方案

2.3.2　让AI生成一份旅游计划方案

扫码看教学视频

在AI生成旅游计划方案之前，用户需要告诉AI你的旅游偏好和兴趣。如果用户喜欢博物馆、艺术和文化，那么AI可以推荐一些符合用户兴趣的旅游景点和活动。当然，最重要的是要告诉AI你的旅游目的地和旅游时间，AI将通过搜索旅游信息和酒店、餐厅、景点、活动等资源来制订旅游计划，下面介绍具体的操作方法。

步骤01 新建一个WPS空白文档，唤起WPS AI，在输入框中输入指令"生成一份旅游计划方案，从北京出发，目的地是海南，时间为4天，喜欢海景房、吃海鲜大餐"，如图2-63所示。

图2-63 输入指令

步骤02 单击➤按钮发送，稍等片刻，即可获得AI生成的旅游计划，如图2-64所示。

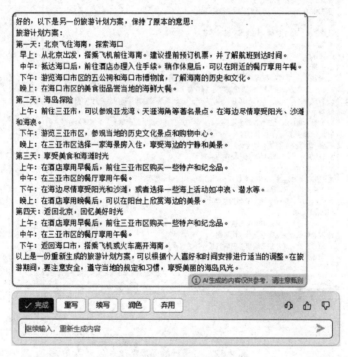

图2-64 AI生成的旅游计划

2.3.3 让AI写一个短视频广告脚本

使用WPS AI可以大大缩短短视频广告从创意到脚本完成的时间，AI可以从大量的数据中汲取灵感，生成多种多样的短视频脚本创意，这有助于提高广告的效果，吸引更多的观众。此外，AI还可以根据目标市场的需求和文化背景，

扫码看教学视频

快速生成定制化的广告脚本，提高广告的针对性和效果。下面介绍让AI编写短视频广告脚本的操作方法。

步骤01 新建一个WPS空白文档，唤起WPS AI，在输入框中输入指令"为一家新上市的智能手机品牌编写一个短视频广告脚本"，如图2-65所示。

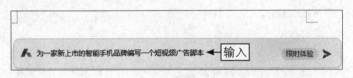

图 2-65　输入指令

步骤02 单击➤按钮发送，稍等片刻，即可获得AI编写的短视频广告脚本，如图2-66所示。如果用户对内容不满意，可以单击"重写"按钮，让AI重新生成。

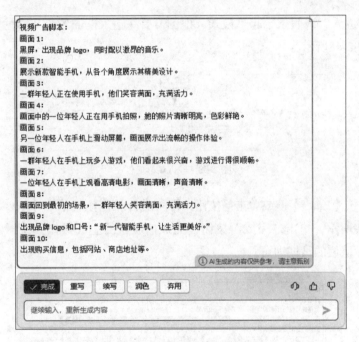

图 2-66　AI 编写的短视频广告脚本

2.3.4　让AI起草一张请假条

扫码看教学视频

向领导、上级、老师请假是人们经常会遇到的事，当用户需要起草一张请假条时，可以向WPS AI提供所需信息，AI将帮助用户生成请假条，下面介绍具体的操作方法。

步骤01 新建一个WPS空白文档，唤起WPS AI，在输入框中下方的下拉列表中选择"申请"|"请假条"选项，如图2-67所示。

43

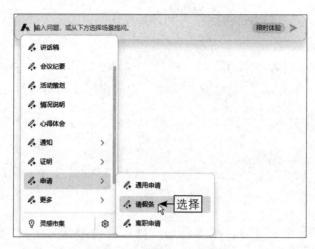

图 2-67　选择"请假条"选项

步骤 02 进入"请假条"起草模式，根据需要在输入框的各个文本框中输入请假信息，效果如图2-68所示。

图 2-68　输入请假信息

步骤 03 按【Enter】键或单击➤按钮，即可进行AI创作。稍等片刻，即可生成请假条，如图2-69所示，单击"完成"按钮，完成请假条的生成操作，将请假人下方的日期更改为实际请假的日期即可。

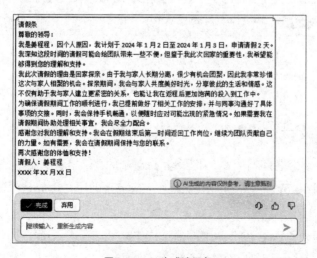

图 2-69　AI 生成请假条

2.3.5　让AI撰写一份广告文案

WPS AI能够根据大量的数据和对用户行为的分析，精准地把握目标受众的需求和兴趣，从而创造出更具吸引力和针对性的广告文案，提高广告的点击率、转化率和传播效果。下面介绍让AI撰写一份广告文案的具体操作步骤。

步骤 01　新建一个智能文档，唤起WPS AI，在输入框下方的下拉列表中选择"广告文案"选项，如图2-70所示。

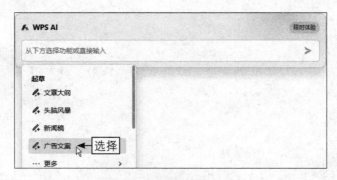

图 2-70　选择"广告文案"选项

步骤 02　在输入框中输入广告对象"高端手表"，如图2-71所示。

图 2-71　输入广告对象

步骤 03　按【Enter】键或单击➤按钮，即可进行AI创作。稍等片刻，即可生成一份广告文案，如图2-72所示，单击"完成"按钮，将广告文案插入文档中。

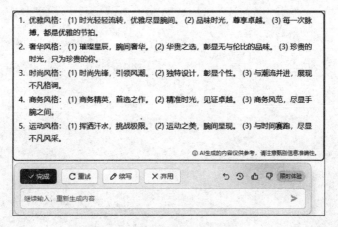

图 2-72　AI 生成一份广告文案

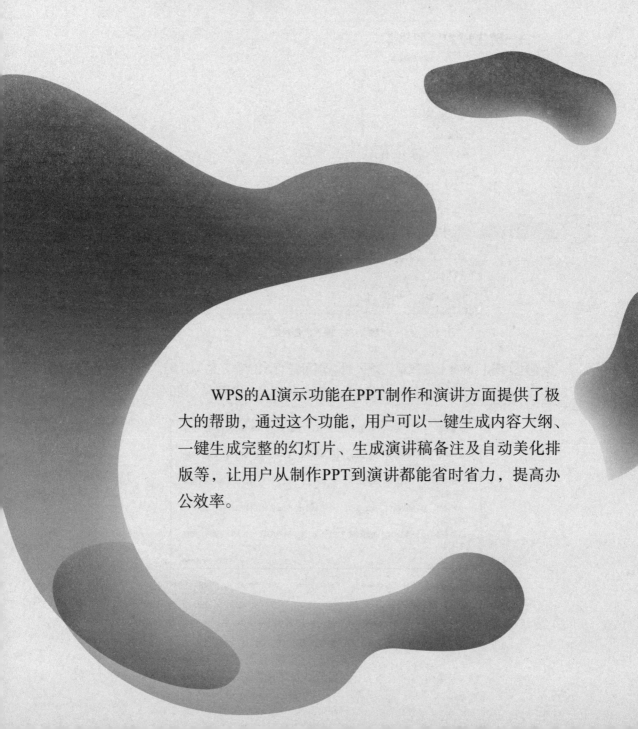

第 3 章

AI 演示文稿：一键生成与美化

WPS的AI演示功能在PPT制作和演讲方面提供了极大的帮助，通过这个功能，用户可以一键生成内容大纲、一键生成完整的幻灯片、生成演讲稿备注及自动美化排版等，让用户从制作PPT到演讲都能省时省力，提高办公效率。

3.1 AI一键生成幻灯片

WPS AI为用户提供了"一键生成幻灯片"功能，只需输入PPT主题，WPS AI就能自动为用户生成美观的PPT，大大节省了用户的时间，帮助用户轻松制作出高质量的PPT。用户在用WPS AI生成PPT后，可以检查每一页的内容是否符合自己的要求，如果有不符合的地方，可以根据需要添加或修改内容。本节将向大家介绍在WPS中使用AI助手一键生成各类PPT的操作方法。

3.1.1 AI一键生成数据营销报告PPT

数据营销报告PPT是一种利用数据分析和挖掘技术，对市场、消费者、品牌等进行深入研究和分析，以可视化形式呈现的营销报告。借助WPS AI 技术，可以快速对大量数据进行处理和分析，并生成相应的PPT报告，大大缩短了人工处理的时间和精力。下面介绍AI一键生成数据营销报告PPT的操作方法。

扫码看教学视频

步骤 01 打开WPS，❶单击"新建"按钮；❷在弹出的"新建"面板中单击"演示"按钮，如图3-1所示。

步骤 02 执行操作后，即可进入"新建演示文稿"界面，单击"智能创作"缩略图，如图3-2所示。

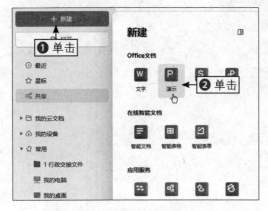

图3-1　单击"演示"按钮

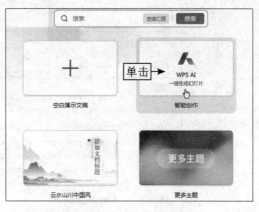

图3-2　单击"智能创作"缩略图

步骤 03 执行操作后，即可新建一个空白的演示文稿，并唤起WPS AI，如图3-3所示。

步骤 04 在输入框中输入幻灯片主题"目标市场和客户群体分析报告"，如图3-4所示，默认设置幻灯片为短篇幅并含正文页内容。

步骤 05 单击"智能生成"按钮，稍等片刻，即可生成封面、目录、章节和正文等内容，单击"立即创建"按钮，如图3-5所示。

图 3-3　唤起 WPS AI

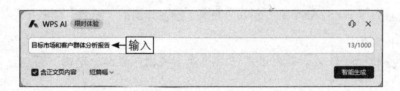

图 3-4　输入幻灯片主题

图 3-5　单击"立即创建"按钮

步骤 06　执行操作后，即可生成数据营销报告PPT，部分效果如图3-6所示。

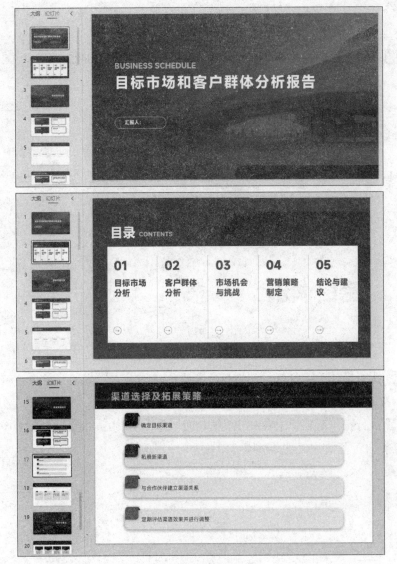

图3-6 AI一键生成数据营销报告 PPT（部分效果）

3.1.2 AI一键生成工作总结汇报PPT

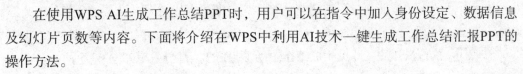
扫码看教学视频

工作总结汇报PPT是一种常见的演示文稿，用于总结和展示一段时间内的工作成果和经验，例如项目进展总结报告、月度/季度业务总结、市场竞争情况分析总结、销售数据分析总结，以及团队业绩工作总结等。它的作用是帮助团队或个人回顾过去的工作，总结经验教训，为未来的工作提供参考和指导。

在使用WPS AI生成工作总结PPT时，用户可以在指令中加入身份设定、数据信息及幻灯片页数等内容。下面将介绍在WPS中利用AI技术一键生成工作总结汇报PPT的操作方法。

49

步骤 01 新建一个WPS空白演示文稿，在菜单栏中单击WPS AI标签，如图3-7所示。

步骤 02 执行操作后，即可弹出WPS AI面板，选择"一键生成"选项，如图3-8所示。

图 3-7 单击 WPS AI 标签

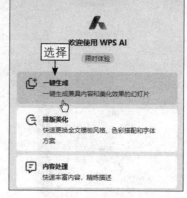

图 3-8 选择"一键生成"选项

步骤 03 执行操作后，打开"请选择你所需的操作项："界面，单击"一键生成幻灯片"超链接，如图3-9所示。

步骤 04 执行操作后，弹出WPS AI输入框，输入PPT生成指令，如图3-10所示，默认设置幻灯片为短篇幅并含正文页内容。

图 3-9 单击"一键生成幻灯片"超链接

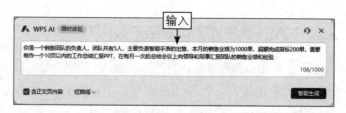

图 3-10 输入 PPT 生成指令

步骤 05 单击"智能生成"按钮，稍等片刻，即可生成封面、目录、章节和正文等内容，单击"立即创建"按钮，如图3-11所示。

步骤 06 执行操作后，即可生成工作总结汇报PPT，部分效果如图3-12所示。

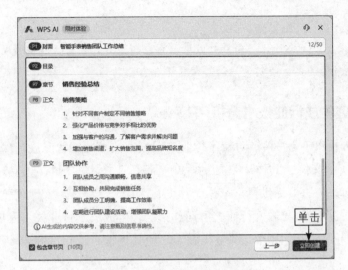

图 3-11 单击"立即创建"按钮

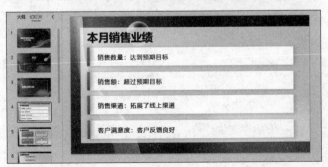

图 3-12 AI 一键生成工作总结汇报 PPT（部分效果）

★ 专家提醒 ★

对于AI智能生成的幻灯片，用户可以根据自己的需要对内容进行修改，对于排版和样式也可以进行适当的美化，使创建的幻灯片更符合自己的预期。

3.1.3 AI一键生成行业技术分析PPT

扫码看教学视频

行业技术分析PPT是一种针对特定行业或领域的技术发展状况进行深入分析和展示的演示文稿，其作用是帮助观众了解行业技术的现状、趋势和未来的发展方向，为决策提供科学依据。

用户可以通过WPS AI输入行业关键词和指令，生成关于行业技术发展趋势的PPT，还可以根据需要手动修改内容、调整排版等，使其更符合汇报的要求。下面介绍具体的操作方法。

步骤01 新建一个WPS空白演示文稿，在WPS AI面板中，❶单击输入框中的按钮；❷在弹出的下拉列表中选择"一键生成幻灯片"选项，如图3-13所示。

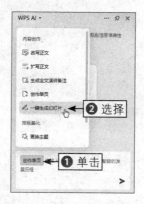

图3-13　选择"一键生成幻灯片"选项

步骤02 弹出WPS AI输入框，输入PPT生成指令，如图3-14所示。

图3-14　输入PPT生成指令

步骤03 单击"智能生成"按钮，稍等片刻，即可生成封面、目录、章节和正文等内容，单击"立即创建"按钮，如图3-15所示。

步骤04 执行操作后，即可生成行业技术分析PPT，部分效果如图3-16所示。

图 3-15　单击"立即创建"按钮

图 3-16　AI 一键生成行业技术分析 PPT（部分效果）

3.1.4 AI一键生成个人述职报告PPT

扫码看教学视频

个人述职报告PPT是一种通过幻灯片演示的形式，向上级、同事或团队展示个人工作成果、经验和反思的报告。它通常用于组织内部的年度或季度评估、员工晋升或绩效评估过程中。

用户在使用WPS AI生成个人述职报告PPT时，在发送的指令中可以写明角色身份和工作年限、背景和原因、工作职责和目标、工作成果和业绩、经验和反思，以及对未来的展望和发展计划等。下面介绍具体的操作方法。

步骤01 新建一个WPS空白演示文稿，在WPS AI面板中，单击"一键生成幻灯片"超链接，如图3-17所示。

图3-17　单击"一键生成幻灯片"超链接

步骤02 弹出WPS AI输入框，输入PPT生成指令，如图3-18所示。

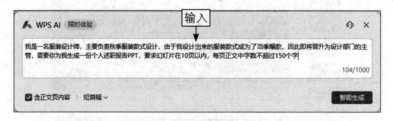

图3-18　输入 PPT 生成指令

步骤03 单击"智能生成"按钮，稍等片刻，即可生成封面、目录、章节和正文等内容，单击"立即创建"按钮，如图3-19所示。

步骤04 执行上述操作后，WPS AI即可生成个人述职报告PPT，如图3-20所示。同时，在幻灯片的右侧会弹出"更换主题"面板，其中显示了多个WPS推荐的主题方案。

步骤05 在"更换主题"面板中，单击"蓝色职场女性可爱卡通风"主题中的"立即使用"按钮，如图3-21所示。

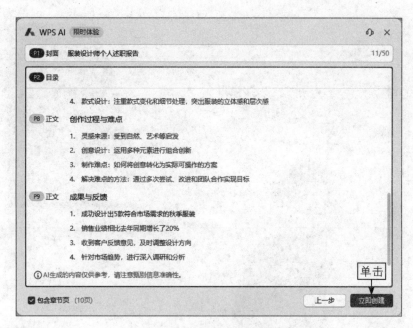

图 3-19　单击"立即创建"按钮

图 3-20　AI 一键生成个人述职报告 PPT

图 3-21　单击"立即使用"按钮

步骤 06 执行操作后，即可更换PPT的主题风格，使其与PPT内容更加贴合，部分效果如图3-22所示。

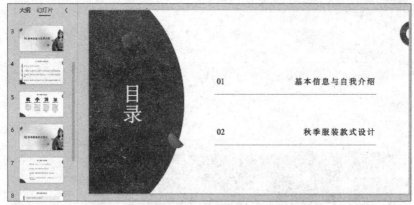

图 3-22　更换 PPT 的主题风格（部分效果）

3.2　AI演示智能优化

在WPS中，用户可以通过AI助手提供的"改写正文""扩写正文""创作单页""生成全文演讲备注"等功能，智能优化演示文稿中的内容，使用户在制作演示文稿时更加高效，制作的内容更加准确。

3.2.1 通过AI改写正文

在WPS演示文稿中，如果正文内容不符合用户的需求，可以通过"改写正文"功能重新生成内容。下面介绍具体的操作方法。

步骤01 打开一个演示文稿，如图3-23所示。

图 3-23 打开一个演示文稿

步骤02 ❶选择第2张幻灯片中的正文文本框；唤起WPS AI，在WPS AI面板中，❷选择"内容处理"选项，如图3-24所示。

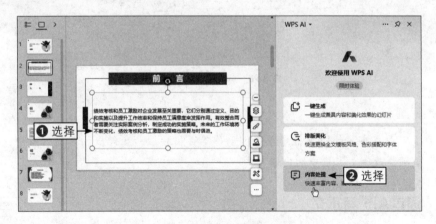

图 3-24 选择"内容处理"选项

步骤03 执行操作后，打开"请选择你所需的操作项："界面，单击"改写正文"超链接，如图3-25所示。

步骤04 稍等片刻，即可改写正文，单击"应用"按钮，如图3-26所示，即可应用AI改写的内容。如果用户对改写的内容不满意，可以单击"重试"按钮，重新生成内容，或者单击"弃用"按钮，撤销改写正文操作。

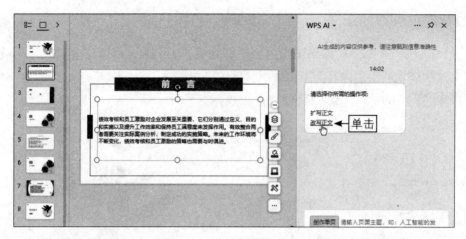

图 3-25　单击"改写正文"超链接

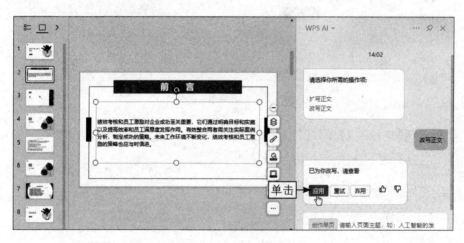

图 3-26　单击"应用"按钮

★ 专 家 提 醒 ★

　　用户也可以在下方的输入框中单击"创作单页"按钮，在弹出的下拉列表中选择"改写正文"选项，改写文本框中的内容。

3.2.2　通过AI扩写正文

扫码看教学视频

　　在WPS演示文稿中，通过AI的"扩写正文"功能，可以自动扩写原有的正文内容，为用户提供更多的文字描述和细节补充。下面介绍具体的操作方法。

　　步骤01 打开一个演示文稿，如图3-27所示。

　　步骤02 ❶选择第4张幻灯片中的第2个文本框；唤起WPS AI，在WPS AI面板中，❷选择"内容处理"选项，如图3-28所示。

图 3-27 打开一个演示文稿

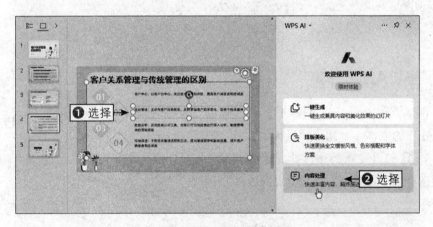

图 3-28 选择"内容处理"选项

步骤03 执行操作后，打开"请选择你所需的操作项："界面，单击"扩写正文"超链接，如图3-29所示。

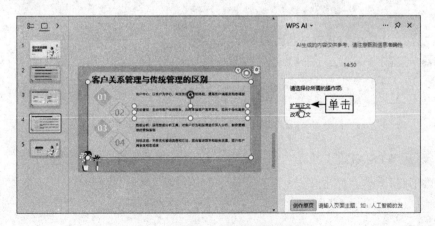

图 3-29 单击"扩写正文"超链接

步骤 04 稍等片刻，即可扩写正文，单击"应用"按钮，如图3-30所示，即可应用AI扩写的内容。

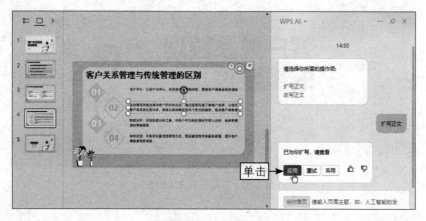

图 3-30 单击"应用"按钮

3.2.3 通过AI创作单页

在WPS演示中，WPS AI除了可以一键创建完整的幻灯片，还可以进行单页幻灯片的创作。下面介绍具体的操作方法。

扫码看教学视频

步骤 01 打开一个演示文稿，❶选择第7页幻灯片；唤起WPS AI，在WPS AI面板中，❷选择"一键生成"选项，如图3-31所示。

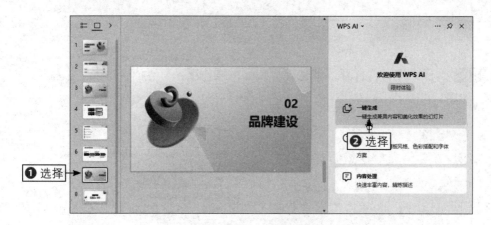

图 3-31 选择"一键生成"选项

步骤 02 WPS AI默认进入"创作单页"模式，在输入框中输入页面主题"品牌建设"，如图3-32所示。

图 3-32　输入页面主题

步骤 03 按【Enter】键发送，稍等片刻，即可生成单页幻灯片，如图3-33所示。

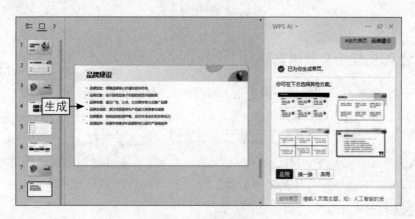

图 3-33　生成单页幻灯片

步骤 04 在"你可在下方选择其他方案"界面中，单击"换一换"按钮，如图3-34所示。

步骤 05 会显示更多可更换的方案，选择一款合适的方案，如图3-35所示。

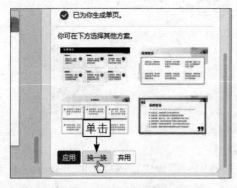

图 3-34　单击"换一换"按钮

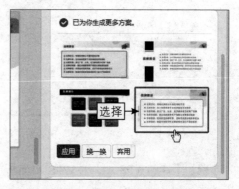

图 3-35　选择一款合适的方案

步骤 **06** 单击"应用"按钮，即可应用所选方案，效果如图3-36所示，完成单页幻灯片的创作。

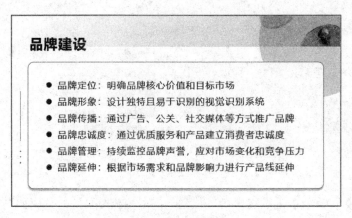

图 3-36　应用所选方案

3.2.4　让AI生成全文演讲备注

扫码看教学视频

演讲备注通常不会在演示屏幕上显示给观众，而是在演示者模式下或在编辑模式下可见。备注的主要目的是为演讲者提供关于每张幻灯片的额外信息、提示、提醒或详细讲解，以帮助演讲者顺利地进行演讲。

在WPS演示中，WPS AI可以为用户生成幻灯片全文演讲备注，帮助用户控制好演讲进度和时间。下面介绍具体的操作方法。

步骤 **01** 打开一个演示文稿，如图3-37所示。

图 3-37　打开一个演示文稿

步骤 **02** 唤起WPS AI，在WPS AI面板中，选择"一键生成"选项，即可显示"请选择你所需的操作项："界面，在其中单击"生成全文演讲备注"超链接，如图3-38所示。

步骤03 稍等片刻，即可生成演讲备注，单击"应用"按钮，如图3-39所示。

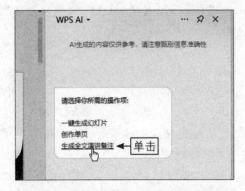

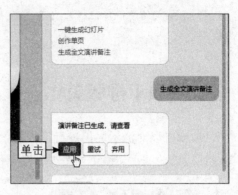

图 3-38　单击"生成全文演讲备注"超链接　　　　图 3-39　单击"应用"按钮

步骤04 执行操作后，可以在每一页幻灯片的备注栏中查看生成的演讲备注内容，如图3-40所示。

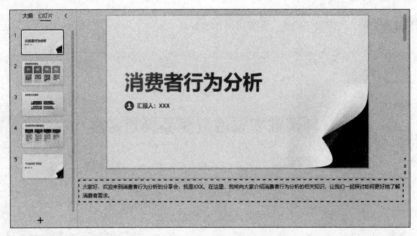
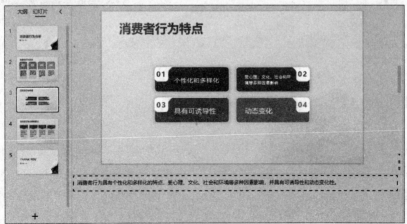

图 3-40　查看生成的演讲备注内容

★ 专家提醒 ★

如果 AI 生成的演讲备注内容有误，用户可以在备注栏中直接进行编辑，修改内容或将其删除。

3.3 AI演示排版美化

WPS AI可以对演示文稿进行排版美化，快速更换全文模板风格、色彩搭配和字体方案，让用户的演示文稿更加美观、专业和吸引人。

3.3.1 通过AI对话更换主题

扫码看教学视频

在WPS中使用AI助手，通过输入对话指令可以轻松更换演示文稿的主题，无须从头开始制作，WPS AI会推荐多个更具吸引力和个性化的主题方案。下面介绍具体的操作方法。

步骤01 打开一个演示文稿，如图3-41所示。

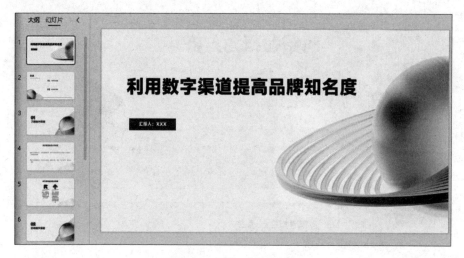

图3-41 打开一个演示文稿

步骤02 唤起WPS AI，在弹出的WPS AI面板中，选择"排版美化"选项，如图3-42所示。

步骤03 默认进入"更换主题"模式，在输入框中输入"换一个蓝紫渐变自由形状简约风主题"，如图3-43所示。

步骤04 按【Enter】键发送，即可显示多款主题方案，选择一款合适的主题方案，如图3-44所示。

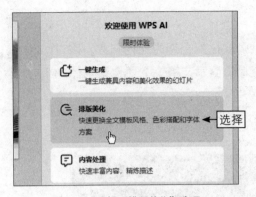

图 3-42　选择"排版美化"选项

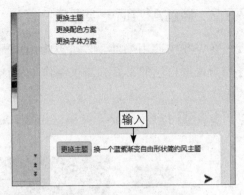

图 3-43　输入更换主题的指令

图 3-44　选择一款合适的主题方案

步骤05 单击"应用"按钮，即可更换幻灯片主题，如图3-45所示。如果对当前提供的主题不满意，可以单击"换一换"按钮，查看WPS AI准备的其他主题；用户还可以单击"调整"按钮，在弹出的下拉列表中选择"商务""中国风""科技风""文艺清新""卡通"等主题风格。

图 3-45　更换幻灯片主题

3.3.2　通过AI对话更换配色

在WPS中使用AI助手，可以为用户提供多款搭配合理的配色方案，以便用户根据自己的喜好和需求制作出更加美观的演示文稿。下面介绍具体的操作方法。

步骤01 打开一个演示文稿，如图3-46所示。

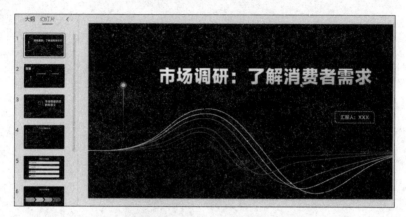

图3-46　打开一个演示文稿

步骤02 唤起WPS AI，在WPS AI面板中，单击"更换配色方案"超链接，如图3-47所示。

步骤03 执行操作后，即可切换至"更换配色方案"模式，在输入框中输入"换一套橙色风格的配色方案"，如图3-48所示。

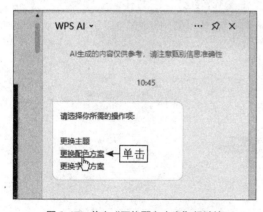

图3-47　单击"更换配色方案"超链接

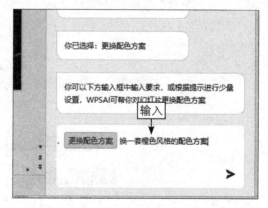

图3-48　输入更换配色方案的指令

步骤04 按【Enter】键发送，即可显示多款配色方案，选择一款合适的配色方案，如图3-49所示。

步骤05 单击"应用"按钮，即可更换幻灯片的配色方案，效果如图3-50所示。关闭WPS AI面板，检查幻灯片中的内容，如果有多余的文本框，可以将其删除。

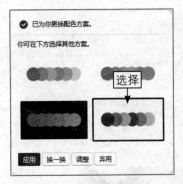

图 3-49　选择一款合适的配色方案

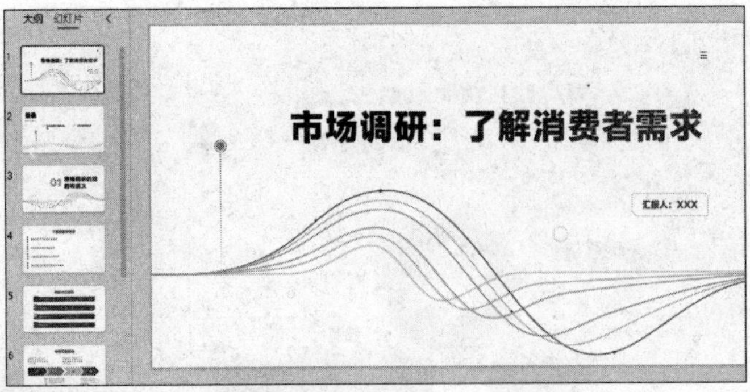

图 3-50　更换幻灯片的配色方案效果

3.3.3　通过AI对话更换字体

扫码看教学视频

除了主题和配色方案，用户还可以通过WPS AI批量更换演示文稿中的字体，提高演示文稿的可读性，同时也能体现用户的专业性。下面介绍具体的操作方法。

步骤01 打开一个演示文稿，如图3-51所示。

图 3-51　打开一个演示文稿

步骤02 唤起WPS AI，在WPS AI面板中，单击"更换字体方案"超链接，如图3-52所示。

步骤03 执行操作后，即可切换至"更换字体方案"模式，在输入框中输入字体风格"小清新"，如图3-53所示。

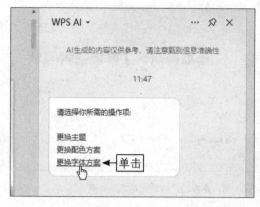

图 3-52　单击"更换字体方案"超链接

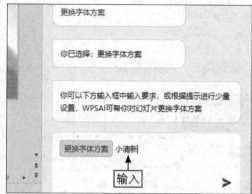

图 3-53　输入字体风格

步骤 04 按【Enter】键发送，即可显示多款字体方案，选择一款合适的字体方案，如图3-54所示。

图 3-54　选择一款合适的字体方案

步骤 05 单击"应用"按钮，即可更换幻灯片的字体，如图3-55所示。

图 3-55　更换幻灯片的字体

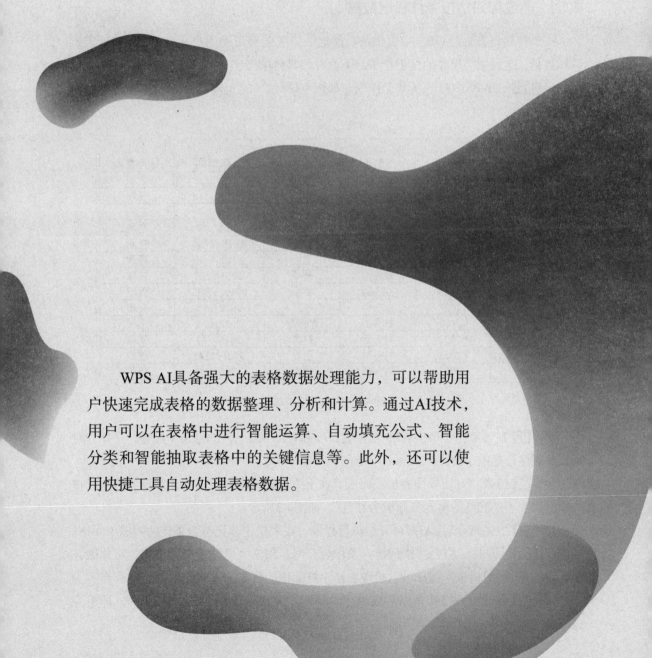

第4章
AI 数据处理：智能运算与分析

WPS AI具备强大的表格数据处理能力，可以帮助用户快速完成表格的数据整理、分析和计算。通过AI技术，用户可以在表格中进行智能运算、自动填充公式、智能分类和智能抽取表格中的关键信息等。此外，还可以使用快捷工具自动处理表格数据。

4.1 在表格中使用WPS AI

WPS的AI表格功能可以帮助用户快速实现条件标记、生成公式及数据筛选排序等操作，让数据分析和处理更加高效。本节将向大家介绍在表格中使用WPS AI智能办公的操作方法。

4.1.1 通过AI对话按条件标记数据

扫码看教学视频

按条件标记数据是WPS AI提供的功能之一，它能够帮助用户高亮标记目标数据，达到用户想要的标记结果。下面介绍具体的操作方法。

步骤 01 在WPS中打开一个工作表，如图4-1所示，这里需要将入职时间晚于2020年的员工标记出来。

序号	编号	部门	姓名	入职时间	是否在职
1	A1003		李婷	2013/3/16	在职
2	A1005		杨帆	2013/3/16	在职
3	A1006		黄鑫	2015/7/8	在职
4	G1007	管理部	吴慧	2014/6/7	在职
5	G1009	管理部	邓华	2015/8/14	在职
6	Y1020	业务部	高洁	2018/4/13	离职
7	Y1021	业务部	郑峰	2018/5/23	在职
8	Y1025	业务部	姜颖	2019/10/11	离职
9	Y1035	业务部	曹军	2022/3/5	在职
10	C1002	财务部	谢婷婷	2013/5/4	在职
11	C1003	财务部	赵勇	2016/7/4	离职
12	C1008	财务部	王磊	2021/11/1	在职
13	C1013	财务部	胡阳	2023/5/15	在职

图 4-1 打开一个工作表

步骤 02 在菜单栏中单击WPS AI标签，唤起WPS AI，弹出WPS AI面板，选择"对话操作表格"选项，如图4-2所示。

步骤 03 进入"对话操作表格"面板，在下方的对话输入框中输入问题或指令"将入职时间晚于2020年的单元格标记为红色"，如图4-3所示。

步骤 04 发送指令后，AI即可开始执行指令，在表格中标记符合条件的数据单元格，如图4-4所示。同时，AI会在执行指令操作后，回复用户"已使用条件格式，帮你做好了，请检查。"的信息，用户可以检查表格中被标记的数据，查看AI的操作是否有误。

步骤 05 在"对话操作表格"面板中，单击"完成"按钮，如图4-5所示，即可完成按条件标记数据的操作。

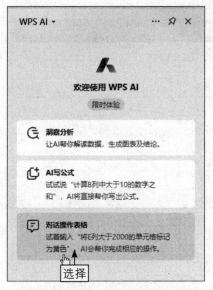

图 4-2 选择"对话操作表格"选项

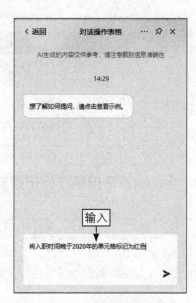

图 4-3 输入问题或指令

序号	编号	部门	姓名	入职时间	是否在职
1	A1003		李婷	2013/3/16	在职
2	A1005		杨帆	2013/3/16	在职
3	A1006		黄鑫	2015/7/8	在职
4	G1007	管理部	吴慧	2014/6/7	在职
5	G1009	管理部	邓华	2015/8/14	在职
6	Y1020	业务部	高洁	2018/4/13	离职
7	Y1021	业务部	郑峰	2018/5/23	在职
8	Y1025	业务部	姜颖	2019/10/11	离职
9	Y1035	业务部	曹军		在职
10	C1002	财务部	谢婷婷	2013/5/4	在职
11	C1003	财务部	赵勇	2016/7/4	离职
12	C1008	财务部	王磊		
13	C1013	财务部	胡阳		

图 4-4 AI 标记符合条件的数据单元格

图 4-5 单击"完成"按钮

4.1.2 通过AI对话生成公式

通过WPS AI对话生成公式，可以快速实现数据的计算和分析，减少人为错误和误差，提高工作效率。下面介绍具体的操作方法。

步骤01 在WPS中打开一个工作表，如图4-6所示，需要在E列中根据出库时长判断订单状态是紧急、超时还是按时出库，如果出库时长超过48h（h，计时单位，表示小时），则订单状态为超时；如果出库时长超过24h且不到48h，则订单状态为紧急；如果出库时长不到24h，则订单状态为按时出库。

步骤02 选择E2:E13单元格区域，在菜单栏中单击WPS AI标签，唤起WPS AI，弹出WPS AI面板，选择"AI写公式"选项，如图4-7所示。

▲	A	B	C	D	E
1	序号	订单编号	物品编号	出库时长（h）	备注
2	1	1001400202401010001	CM005#	6	
3	2	1001400202401010002	CM075#	10	
4	3	1001400202401010003	CM035#	6	
5	4	1001400202401010004	CM005#	28	
6	5	1001400202401010005	CM095#	7	
7	6	1001400202401010006	CM047#	42	
8	7	1001400202401010007	CM047#	36	
9	8	1001400202401010008	CM095#	9	
10	9	1001400202401010009	CM035#	5	
11	10	1001400202401010010	CM005#	50	
12	11	1001400202401010011	CM047#	35	
13	12	1001400202401010012	CM005#	44	

图4-6　打开一个工作表

步骤 03 执行操作后，弹出WPS AI对话输入框，输入公式描述指令"如果D2单元格中的值大于24小于48为紧急，大于48为超时，其他则显示按时出库"，如图4-8所示。

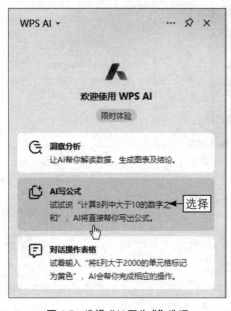

图4-7　选择"AI写公式"选项

图4-8　输入公式描述指令

步骤 04 按【Enter】键发送，AI即可生成计算公式，如图4-9所示。

步骤 05 在生成的公式下方，单击"IF公式解释"按钮，即可展开公式解释，了解公式的计算逻辑，如图4-10所示。

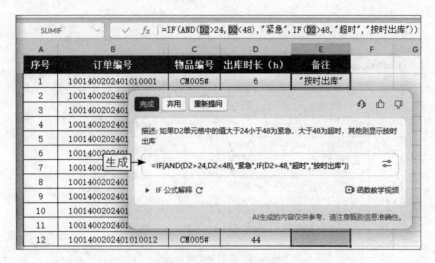

图4-9　AI生成计算公式

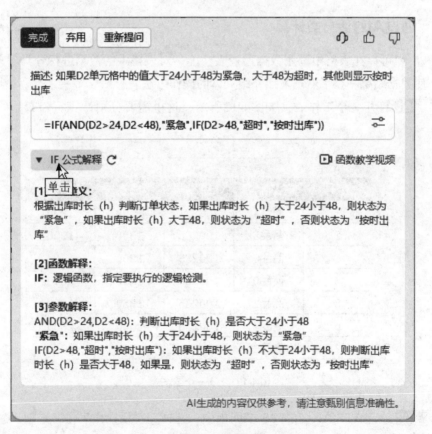

图4-10　单击"IF 公式解释"按钮

步骤06 单击"完成"按钮，在编辑栏中单击，按【Ctrl+Enter】组合键，即可将公式批量从E2单元格填充到E13单元格中，获得各订单的状态，如图4-11所示。

	fx	=IF(AND(D2>24,D2<48),"紧急",IF(D2>48,"超时","按时出库"))				

序号	订单编号	物品编号	出库时长（h）	备注		
1	10014002024010100001	CM005#	6	按时出库		
2	10014002024010100002	CM075#	10	按时出库		
3	10014002024010100003	CM035#	6	按时出库		
4	10014002024010100004	CM005#	28	紧急		
5	10014002024010100005	CM095#	7	按时出库		
6	10014002024010100006	CM047#	42	紧急		
7	10014002024010100007	CM047#	36	紧急		
8	10014002024010100008	CM095#	9	按时出库		
9	10014002024010100009	CM035#	5	按时出库		
10	10014002024010100010	CM005#	50	超时		
11	10014002024010100011	CM047#	35	紧急		
12	10014002024010100012	CM005#	44	紧急		

图 4-11　获得各订单的状态

4.1.3　通过AI对话分类计算

扫码看教学视频

WPS AI可以在表格中调用数据透视表功能，对表格中的数据进行分类计算，使数据结果一目了然。下面介绍具体的操作方法。

步骤01 打开一个工作表，如图4-12所示，这里需要分别计算每个商品的净利润和利润率。

	A	B	C	D	E
1	序号	商品品名	订单编号	成本	总销售额
2	1	商品A	100231	1500	1900
3	2	商品B	100232	1300	1950
4	3	商品C	100233	1200	1700
5	4	商品D	100234	1450	2500
6	5	商品E	100235	1350	1800
7	6	商品F	100236	1600	2000
8	7	商品G	100237	1750	2300

图 4-12　打开一个工作表

步骤02 唤起WPS AI，在WPS AI面板中，选择"对话操作表格"选项，进入"对话操作表格"面板，在面板下方的输入框中单击，在弹出的下拉列表中，选择"分类计算"选项，如图4-13所示。

步骤03 进入"分类计算"模式，在输入框中输入"分别计算每个商品的净利润和利润率"，如图4-14所示。

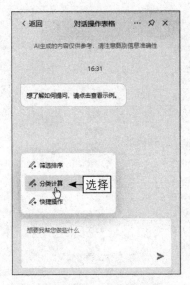

图4-13　选择"分类计算"选项

图4-14　输入对话指令

步骤 04 按【Enter】键发送，即可执行指令，弹出"数据透视表"面板，分类计算每个商品的净利润和利润率，如图4-15所示。

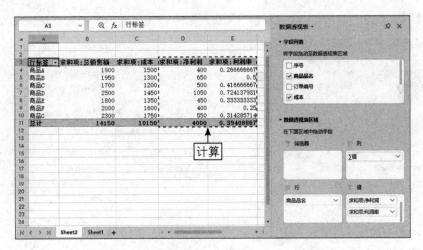

图4-15　分类计算每个商品的净利润和利润率

4.1.4　通过AI对话筛选数据

扫码看教学视频

WPS AI可以快速处理大量数据，在筛选数据时，能够保持逻辑严密，思路清晰，减轻人力负担，节省时间，满足特定数据筛选需求。下面介绍具体的操作方法。

步骤 01 打开一个工作表，如图4-16所示，需要将购买记录为空的单元格数据筛选出来。

序号	客户	会员ID	购买记录
1	花落花	VIP0001001	11次
2	空山雨	VIP0001006	22次
3	清韵	VIP0001013	
4	无常梦	VIP0001014	1次
5	凌霄	VIP0001025	3次
6	晨曦	VIP0001028	32次
7	无痕	VIP0001030	5次
8	风华	VIP0001032	13次
9	天涯海	VIP0001045	
10	青云	VIP0001067	
11	高歌	VIP0001069	19次
12	无双	VIP0001073	43次
13	月清风	VIP0001083	

图 4-16　打开一个工作表

步骤02 唤起WPS AI，在WPS AI面板中，选择"对话操作表格"选项，进入"对话操作表格"面板，在面板下方的输入框中单击，在弹出的下拉列表中，选择"筛选排序"选项，如图4-17所示。

步骤03 进入"筛选排序"模式，在输入框中输入"将D列中购买记录为空的单元格数据筛选出来"，如图4-18所示。

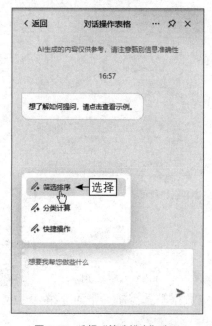

图 4-17　选择"筛选排序"选项

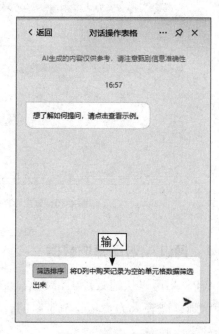

图 4-18　输入对话指令

步骤04 按【Enter】键发送，即可执行指令，将工作表中购买记录为空的数据筛选出来，效果如图4-19所示。在"对话操作表格"面板中，单击回复内容中的"完成"按钮，即可完成筛选操作。

◢	A	B	C	D
1	序号 ▼	客户 ▼	会员ID ▼	购买记录 ▼
4	3	清韵	VIP0001013	
10	9	天涯海	VIP0001045	
11	10	青云	VIP0001067	
14	13	月清风	VIP0001083	

图 4-19　AI 筛选购买记录为空的数据

4.1.5　通过AI对话进行排序

扫码看教学视频

WPS AI可以根据用户的需求，自动对数据进行排序，从而让用户更加快速地整理和查看数据。下面介绍具体的操作方法。

步骤01 打开一个工作表，如图4-20所示，这里需要将E列中的价格从高到低依次进行排序。

◢	A	B	C	D	E
1	编号	名称	厂商	材质	价格（元）
2	J0001	舒适家纺家具	舒适之家	布料、海绵	2388
3	J0002	现代风格家具	舒适之家	织物、金属	3800
4	J0003	皮革豪华家具	舒适之家	真皮、弹簧	4480
5	J0004	小户型家具	舒适之家	织物、木板	1580
6	J0005	地中海风家具	舒适之家	木材、棉麻	2680
7	J0006	简约现代家具	舒适之家	织物、不锈钢	1988

图 4-20　打开一个工作表

步骤02 唤起WPS AI，在WPS AI面板中，选择"对话操作表格"选项，进入"对话操作表格"面板，在面板下方的输入框中单击，在弹出的下拉列表中，选择"筛选排序"选项，如图4-21所示。

步骤03 进入"筛选排序"模式，在输入框中输入"按E列中的价格，从高到低依次进行排序"，如图4-22所示。

步骤04 按【Enter】键发送，即可执行指令，将商品按价格从高到低进行排序，效果如图4-23所示。在"对话操作表格"面板中，单击回复内容中的"完成"按钮，即可完成筛选操作。

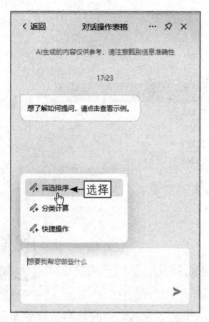

图 4-21 选择"筛选排序"选项

图 4-22 输入对话指令

▲	A	B	C	D	E
1	编号	名称	厂商	材质	价格（元）
2	J0003	皮革豪华家具	舒适之家	真皮、弹簧	4480
3	J0002	现代风格家具	舒适之家	织物、金属	3800
4	J0005	地中海风家具	舒适之家	木材、棉麻	2680
5	J0001	舒适家纺家具	舒适之家	布料、海绵	2388
6	J0006	简约现代家具	舒适之家	织物、不锈钢	1988
7	J0004	小户型家具	舒适之家	织物、木板	1580

图 4-23 AI 将商品按价格从高到低排序

4.1.6 通过AI对话交换行列数据

扫码看教学视频

WPS AI可以根据用户的需求，减少手动调整数据的时间和精力，将表格中的行列数据进行交换，使原本的数据可以重新排列组合，以便处理和分析数据。下面介绍具体的操作方法。

步骤 01 打开一个工作表，如图4-24所示，将D列和C列交换、F列和E列交换。

▲	A	B	C	D	E	F
1	部门	姓名	年假（天）	工龄（年）	已休假（天）	奖励的带薪假期（天）
2	工程部	李明	10	12	8	3
3	工程部	王晓	5	5	2	5
4	生产部	张晨	5	6	5	1
5	生产部	刘阳	5	7	4	0
6	生产部	陈雨	10	11	10	0
7	销售部	周雪	5	4	2	0
8	销售部	吴云	5	2	3	2
9	销售部	郑风	5	5	5	0
10	销售部	王梦	5	2	5	1

图 4-24 打开一个工作表

步骤 02 唤起WPS AI，在WPS AI面板中，选择"对话操作表格"选项，进入"对话操作表格"面板，在面板下方的输入框中单击，在弹出的下拉列表中，选择"快捷操作"选项，如图4-25所示。

步骤 03 进入"快捷操作"模式，在输入框中输入"将D列和C列交换、F列和E列交换"，如图4-26所示。

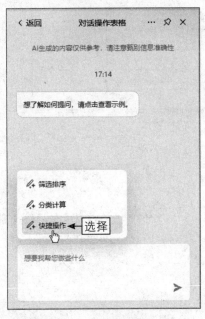

图 4-25 选择"快捷操作"选项

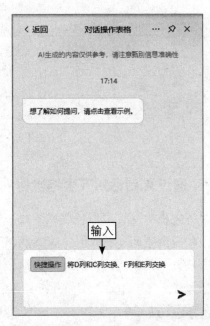

图 4-26 输入对话指令

步骤 04 按【Enter】键发送，即可执行指令，批量交换列数据，效果如图4-27所示。

步骤 05 在"对话操作表格"面板中，单击回复内容中的"完成"按钮，即可完成AI列数据交换操作，在工作表中调整列宽，效果如图4-28所示。

姓名	工龄（年）	年假（天）	J的带薪假期（3	已休假（天）
李明	12	10	3	8
王晓	5	5	5	2
张晨	6	5	1	5
刘阳	7	5	0	4
陈雨	11	10	0	10
周雪	4	5	0	2
吴云	2	5	2	3
郑风	5	5	0	5
王梦	2	5	1	5

图 4-27　AI 批量交换列数据

姓名	工龄（年）	年假（天）	奖励的带薪假期（天）	已休假（天）
李明	12	10	3	8
王晓	5	5	5	2
张晨	6	5	1	5
刘阳	7	5	0	4
陈雨	11	10	0	10
周雪	4	5	0	2
吴云	2	5	2	3
郑风	5	5	0	5
王梦	2	5	1	5

图 4-28　调整列宽后的效果

4.1.7　通过AI对话对齐表格数据

对齐表格数据，可以使表格更加整洁、有序，提高数据的可读性，方便用户快速浏览和理解数据。WPS AI可以批量对齐表格数据，同时执行多个对齐任务，无须用户手动逐一调整，只需要给AI发送对话指令，即可节省用户的时间和精力，提高工作效率下面介绍具体的操作方法。

步骤01 打开一个工作表，如图4-29所示，将表格中的数据按照不同的要求进行对齐。

步骤02 唤起WPS AI，在WPS AI面板中，选择"对话操作表格"选项，进入"对话操作表格"面板，在面板下方的输入框中单击，在弹出的下拉列表中，选择"快捷操作"选项，如图4-30所示。

	A	B	C	D
1	姓名	1月销量	2月销量	3月销量
2	何花	200	300	266
3	郭月	342	540	330
4	马星	253	430	454
5	朱云	267	400	358
6	黄海	338	500	473
7	许心	336	475	470

图 4-29　打开一个工作表

步骤 03 进入"快捷操作"模式，在输入框中输入数据对齐要求"将A列单元格中的数据分散对齐并缩进1个字符，然后将B列、C列、D列中的数据居中对齐"，如图4-31所示。

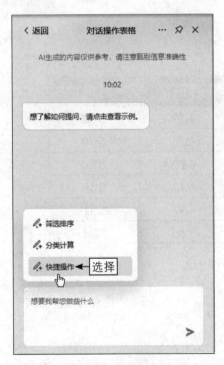

图 4-30　选择"快捷操作"选项

图 4-31　输入数据对齐要求

步骤 04 按【Enter】键发送，WPS AI即可根据不同的要求对齐数据，效果如图4-32所示。在"对话操作表格"面板中，单击回复内容中的"完成"按钮，即可完成AI对齐数据的操作。

◢	A	B	C	D
1	姓　　名	1月销量	2月销量	3月销量
2	何　　花	200	300	266
3	郭　　月	342	540	330
4	马　　星	253	430	454
5	朱　　云	267	400	358
6	黄　　海	338	500	473
7	许　　心	336	475	470

图 4-32　AI 根据不同的要求对齐数据

4.1.8　通过AI洞察分析表格数据

扫码看教学视频

WPS AI提供了"洞察分析"功能，可以让AI帮助用户解读表格数据，生成图表及结论。下面介绍具体的操作方法。

步骤01 打开一个工作表，如图4-33所示，需要用AI扫描并分析数据。

◢	A	B	C	D
1	姓　　名	4月销量	5月销量	6月销量
2	蒋心瑶	354	439	374
3	韩　　笑	450	480	500
4	胡　　蝶	358	440	320
5	钟　　情	285	435	336
6	吕　　爱	504	457	551
7	高　　歌	582	325	284

图 4-33　打开一个工作表

步骤02 唤起WPS AI，在弹出的WPS AI面板中，选择"洞察分析"选项，如图4-34所示。

步骤03 进入"洞察分析"面板，AI会根据扫描到的数据进行分析探索，自动生成一个可视化图表，以便用户查看、分析数据，如图4-35所示。

步骤04 向下滑动面板，在图表下方单击"更多分析"按钮，如图4-36所示。

步骤05 弹出"分析探索"面板，其中显示了AI生成的其他分析图表，如图4-37所示，用户可以单击"添加字段"按钮，在弹出的下拉列表中选择相应的字段，生成需要的图表。

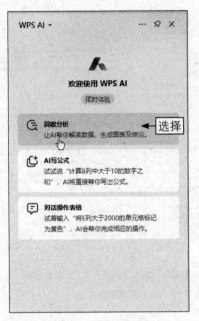

图 4-34 选择"洞察分析"选项

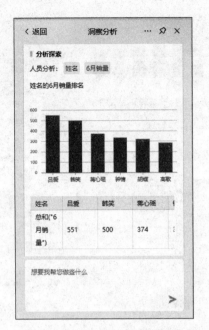

图 4-35 AI 自动生成的可视化图表

图 4-36 单击"更多分析"按钮

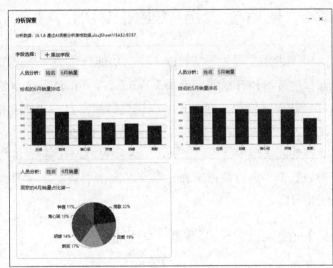

图 4-37 显示 AI 生成的其他分析图表

步骤 06 关闭"分析探索"面板，返回"洞察分析"面板，单击"AI洞察"下方的"获取AI洞察结论"按钮，如图4-38所示。

步骤 07 稍等片刻，WPS AI 即可生成洞察结论，效果如图4-39所示。除了结论，AI还提供了用户在深入分析时可以考虑的方法，如果用户对生成的结论内容不满意，可以单击"重新生成"按钮，重新生成结论。

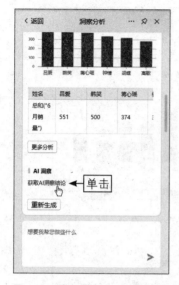

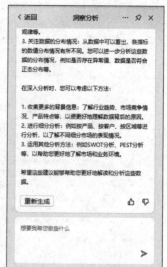

图4-38　单击"获取AI洞察结论"　　　　　　　图4-39　AI生成的洞察结论
　　　　　按钮

4.2　在智能表格中使用WPS AI

WPS为用户提供了"智能表格"功能，主要用于处理和分析表格数据，和WPS智能文档一样可以在线协同办公。WPS智能文档具备基本的数据处理功能，如排序、筛选及合并单元格等，同时它还提供更高级的数据处理功能，如数据聚合、数据清洗、数据透视表等，以满足复杂的数据分析需求。

在智能表格中，用户同样可以使用WPS AI进行智能办公，包括智能分类数据、智能抽取数据、进行数据求和，以及在表格中智能翻译等，以便用户更高效地处理和分析表格数据。

4.2.1　使用WPS AI智能分类数据

WPS AI可以根据用户描述的类型，在表格中对文本、数据等内容进行智能分类处理。下面介绍具体的操作方法。

扫码看教学视频

步骤01 打开WPS Office，❶单击"新建"按钮；❷在弹出的"新建"面板中单击"智能表格"按钮，如图4-40所示。

步骤02 进入"新建智能表格"界面，单击"空白智能表格"缩略图，新建一个智能表格文件，输入表格数据并将数据居中对齐，❶选中A列；❷在列标签上单击显示的 ⋯ 按钮，如图4-41所示。

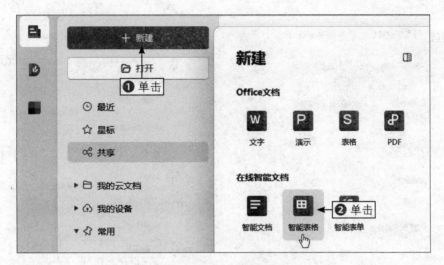

图4-40　单击"智能表格"按钮

步骤03 弹出"列类型"面板，单击"AI自动填充"按钮 ，如图4-42所示。

图4-41　单击显示的 ⋯ 按钮

图4-42　单击"AI自动填充"按钮

步骤04 弹出"列类型配置"面板，单击"智能分类"按钮，如图4-43所示。

步骤05 在"数据来源列"下拉列表中，默认选择了A列，在"描述想要的分类"选项区域，添加"水果""植物""文具物品""电子产品""生活用品"这5个分类，如图4-44所示。

步骤06 单击"应用"按钮，即可根据类别在B列单元格中对A列单元格中的内容进行分类，效果如图4-45所示。

步骤07 在B1单元格中输入表头"智能分类"，如图4-46所示。至此，完成智能分类的操作。

图 4-43　单击"智能分类"按钮

图 4-44　添加 5 个分类

图 4-45　对内容进行分类

图 4-46　输入表头

★ 专家提醒 ★

　　创建的智能表格可以参考本书第 2 章 2.2.1 节中的内容，将智能表格下载导出为 PDF 或 Excel 文件。

4.2.2　使用WPS AI智能抽取数据

扫码看教学视频

　　WPS AI可以自动识别表格中的数据，并快速抽取出来，避免人工手动查找和复制数据，降低了错误率，同时也减少了人力成本，大大提高了数据处理的效率。下面介绍具体的操作方法。

步骤01 新建一个智能表格文件，输入表格数据并简单美化表格，效果如图4-47所示，将C列中的地址按省、市、区提取出来。

步骤02 单击菜单栏中的WPS AI标签，即可弹出WPS AI面板，❶单击输入框上方的"写公式"下拉按钮；❷在弹出的下拉列表中选择"智能抽取"选项，如图4-48所示。

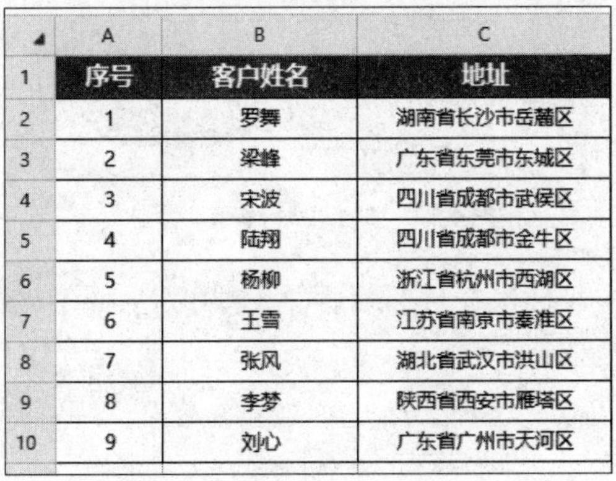

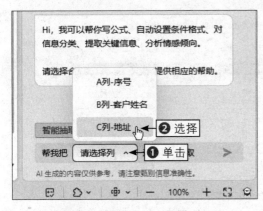

图4-47　新建一个智能表格

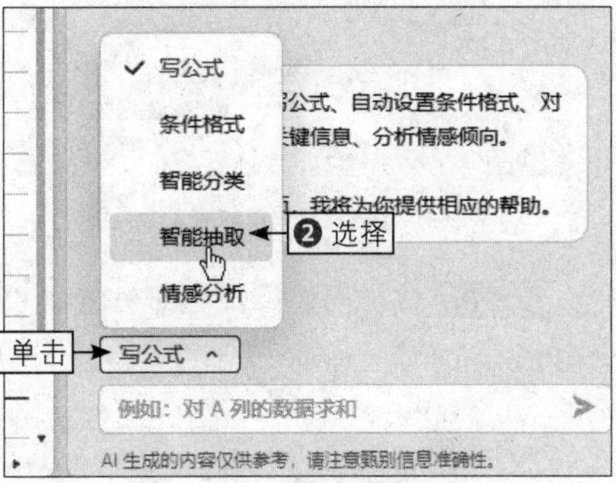

图4-48　选择"智能抽取"选项

步骤03 执行操作后，即可进入"智能抽取"模式，❶单击"请选择列"下拉按钮；❷在弹出的下拉列表中选择"C列-地址"选项，如图4-49所示。

步骤04 单击➤按钮或按【Enter】键发送，AI即可回复对话指令，在文本框中输入需要提取的第1个类别"省"，如图4-50所示。

图4-49　选择"C列 - 地址"选项

图4-50　输入需要提取的第1个类别

步骤05 单击"添加类别"按钮，添加第2个文本框，输入需要提取的第2个类别"市"，如图4-51所示。

步骤06 用与上面相同的方法，❶添加第3个需要提取的类别"区"；❷单击"执行提取"按钮，如图4-52所示。

图 4-51　输入需要提取的第 2 个类别

图 4-52　单击"执行提取"按钮

步骤 07　执行操作后，AI即可将抽取的内容插入在目标列后面（即C列后面），效果如图4-53所示。

▲	A	B	C	D	E	F
1	序号	客户姓名	地址	智能抽取(省)	智能抽取(市)	智能抽取(区)
2	1	罗舞	湖南省长沙市岳麓区	湖南省	长沙市	岳麓区
3	2	梁峰	广东省东莞市东城区	广东省	东莞市	东城区
4	3	宋波	四川省成都市武侯区	四川省	成都市	武侯区
5	4	陆翔	四川省成都市金牛区	四川省	成都市	金牛区
6	5	杨柳	浙江省杭州市西湖区	浙江省	杭州市	西湖区
7	6	王雪	江苏省南京市秦淮区	江苏省	南京市	秦淮区
8	7	张风	湖北省武汉市洪山区	湖北省	武汉市	洪山区
9	8	李梦	陕西省西安市雁塔区	陕西省	西安市	雁塔区
10	9	刘心	广东省广州市天河区	广东省	广州市	天河区

图 4-53　AI 抽取内容后的效果

步骤 08　对抽取的内容进行简单的美化，效果如图4-54所示。

▲	A	B	C	D	E	F
1	序号	客户姓名	地址	智能抽取(省)	智能抽取(市)	智能抽取(区)
2	1	罗舞	湖南省长沙市岳麓区	湖南省	长沙市	岳麓区
3	2	梁峰	广东省东莞市东城区	广东省	东莞市	东城区
4	3	宋波	四川省成都市武侯区	四川省	成都市	武侯区
5	4	陆翔	四川省成都市金牛区	四川省	成都市	金牛区
6	5	杨柳	浙江省杭州市西湖区	浙江省	杭州市	西湖区
7	6	王雪	江苏省南京市秦淮区	江苏省	南京市	秦淮区
8	7	张风	湖北省武汉市洪山区	湖北省	武汉市	洪山区
9	8	李梦	陕西省西安市雁塔区	陕西省	西安市	雁塔区
10	9	刘心	广东省广州市天河区	广东省	广州市	天河区

图 4-54　美化后的效果

4.2.3　使用WPS AI分析情感倾向

扫码看教学视频

　　WPS AI可以自动分析表格中的文本数据，准确识别文本的情感倾向，灵活应用于各种场景，例如生活日常、文章诗词、电商运营、社交媒体分析等。假设有一个电商平台的顾客评价数据表，其中包含顾客的评价内容和星级评分，如果想要了解顾客对商品的整体满意度，以及哪些因素影响了顾客的满意度，可以将评价数据导入到WPS表格中，通过"情感分析"功能对需要分析的字段进行情感分析。

下面将以生活日语、古诗和顾客评价等文本数据介绍使用WPS AI分析情感倾向的具体操作。

步骤01 新建一个智能表格文件，输入表格数据并简单地美化表格，效果如图4-55所示，分析B列中文本数据的情感倾向。

步骤02 ❶选中B列；❷单击右侧弹出的 按钮，如图4-56所示。

序号	文本数据	备注
1	最近事情太多了，好烦啊	
2	今天真开心啊	
3	会当凌绝顶，一览众山小	
4	你早上来晚了，他有点不高兴	
5	少小离家老大回，乡音无改鬓毛衰	
6	念天地之悠悠，独怆然而涕下	
7	项目马上就要成功了	
8	祝你生日快乐	
9	这家店不错，饭菜可口，给个五星好评	

图 4-55　新建一个智能表格

图 4-56　单击相应的按钮

步骤03 在弹出的下拉列表中，单击"情感分析"按钮，如图4-57所示。

步骤04 执行操作后，弹出"列类型配置"面板，在"选择AI能力"选项区域，默认"情感分析""数据来源列"为所选的B列，单击"应用"按钮，如图4-58所示。

图 4-57　单击"情感分析"按钮

图 4-58　单击"应用"按钮

步骤05 执行操作后，AI即可以"好评""中评""差评"来对文本数据进行情感分析，效果如图4-59所示。

◢	A	B	⋯	⋔ C	D	E
				⋔		
1	序号	文本数据			备注	
2	1	最近事情太多了，好烦啊		差评		
3	2	今天真开心啊		好评		
4	3	会当凌绝顶，一览众山小		好评		
5	4	你早上来晚了，他有点不高兴		中评		
6	5	少小离家老大回，乡音无改鬓毛衰		中评	←分析	
7	6	念天地之悠悠，独怆然而涕下		中评		
8	7	项目马上就要成功了		好评		
9	8	祝你生日快乐		好评		
10	9	这家店不错，饭菜可口，给个五星好评		好评		
11						

图 4-59 AI 情感分析后的效果

★ 专家提醒 ★

　　如果想用 AI 判断客户的满意度，可以使用本例第 1 种操作方法（参考前 5 个操作步骤），如果想判断文本数据表现出来的情绪态度，可以使用本例第 2 种操作方法（参考最后 3 个操作步骤）。

　　步骤 06 除此之外，还可以通过单击菜单栏中的WPS AI标签，弹出WPS AI面板，❶单击输入框上方的"写公式"下拉按钮；❷在弹出的下拉列表中选择"情感分析"选项，如图4-60所示。

　　步骤 07 执行操作后，即可进入"情感分析"模式，❶单击"请选择列"下拉按钮；❷在弹出的下拉列表中选择"B列-文本数据"选项，如图4-61所示。

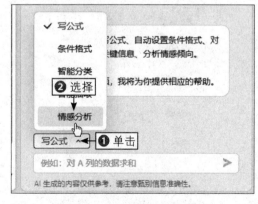

图 4-60　选择"情感分析"选项

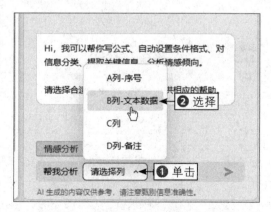

图 4-61　选择"B 列 - 文本数据"选项

　　步骤 08 单击▶按钮发送，AI 即可在目标列后面（即B列后面）插入情感分析结果，效果如图4-62所示。

⊿	A	B	C ...	D	E
1	序号	文本数据	情感分析		备注
2	1	最近事情太多了，好烦啊	消极	差评	
3	2	今天真开心啊	积极	好评	
4	3	会当凌绝顶，一览众山小	积极	好评	
5	4	你早上来晚了，他有点不高兴	消极	中评	
6	5	少小离家老大回，乡音无改鬓毛衰	中性	中评	
7	6	念天地之悠悠，独怆然而涕下	消极	中评	
8	7	项目马上就要成功了	积极	好评	
9	8	祝你生日快乐	积极	好评	
10	9	这家店不错，饭菜可口，给个五星好评	积极	好评	

图 4-62 AI情感分析结果

4.2.4 使用WPS AI进行智能翻译

WPS AI的翻译算法基于深度学习技术，能够准确翻译各种文本，包括快速将表格中的内容翻译成目标语言，大大提高翻译效率。下面介绍使用 WPS AI进行智能翻译的具体操作。

步骤 01 新建一个智能表格文件，输入表格数据并简单地美化表格，效果如图4-63 所示，这里要将B列中的励志标语翻译成法语。

步骤 02 ❶选中B列并单击列标签上的 ··· 按钮；❷在弹出的"列类型"面板中单击"AI自动填充"按钮，如图4-64所示。

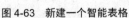

⊿	A	B		
1	序号	励志标语		
2	1	勇往直前，决不放弃		
3	2	知足常乐，随遇而安		
4	3	厚积薄发，志在必得		
5	4	拼搏奋斗，励志笃行		
6	5	敢于挑战，不怕失败		
7				
8				

图 4-63 新建一个智能表格

图 4-64 单击"AI自动填充"按钮

步骤 03 弹出"列类型配置"面板，单击"智能翻译"按钮，如图4-65所示。

步骤 04 在"数据来源列"文本框中，默认选择了B列，单击"目标翻译语言"下拉列表框，在弹出的下拉列表中选择一个需要翻译的语种，这里选择"法文"选项，如图4-66所示。

图4-65 单击"智能翻译"按钮

图4-66 选择"法文"选项

步骤05 单击"应用"按钮，AI即可对B列中的内容进行翻译，为表格简单美化后的效果如图4-67所示。

	A	B	C
1	序号	励志标语	智能翻译
2	1	勇往直前，决不放弃	Avancez courageusement, ne renoncez jamais
3	2	知足常乐，随遇而安	Être satisfait et heureux, vivre au gré des choses
4	3	厚积薄发，志在必得	Accumulate slowly and steadily, and you will achieve your goal
5	4	拼搏奋斗，励志笃行	Lutter et lutter, inspirer et persévérer
6	5	敢于挑战，不怕失败	Osez défier, ne craignez pas l'échec

图4-67 AI智能翻译

4.2.5 设置列规范输入手机号和身份证号

扫码看教学视频

在智能表格的"列类型"下拉列表中，除了"AI自动填充"功能，还为用户提供了手机号码和身份证号码规范输入的功能，可以让设置的列只能输入手机号码和身份证号码。下面介绍具体的操作。

步骤01 新建一个智能表格文件，输入表格数据并简单地美化表格，效果如图4-68所示，表格中的C列用于输入手机号码，D列用于输入身份证号码。为了避免以后输入的内容错误或者多输入了数字、少输入了数字，需要对列进行规范设置。

步骤02 ❶选中C列并单击列标签上的 ··· 按钮；❷在弹出的"列类型"面板中单击 ❯ 按钮；❸在弹出的下拉列表中选择"手机号码"选项，如图4-69所示。

	A	B	C	D
1	序号	姓名	手机号码	身份证号码
2	1	罗舞		
3	2	梁峰		
4	3	宋波		
5	4	陆翔		
6	5	杨柳		
7	6	王雪		
8				
9				
10				
11				
12				
13				
14				

图4-68 新建一个智能表格

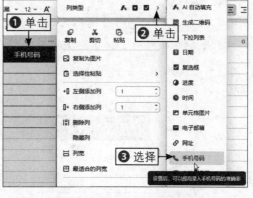

图4-69 选择"手机号码"选项

步骤03 执行操作后，即可设置C列只用于手机号码，在C列中可以通过输入错误的内容或错误的手机号码来进行验证。

步骤04 选择C2单元格，在其中输入中文+一串与手机号码位数相同的数字"电话11012306258"，如图4-70所示，在C2单元格下方会弹出手机号码位数限制框，其中仅显示输入的前11位字符内容。

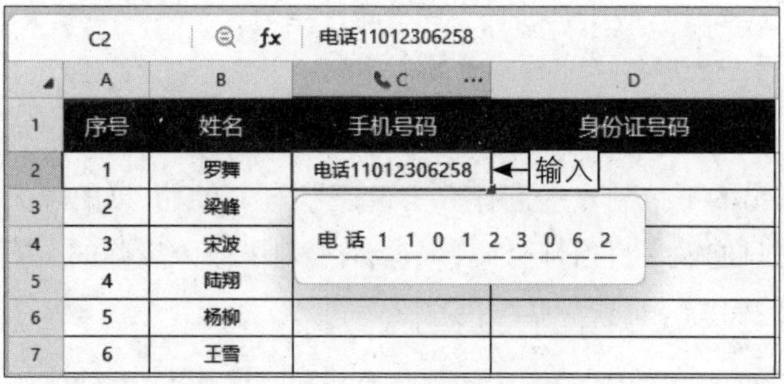

图4-70 输入中文和数字进行验证

步骤05 按【Enter】键确认，会发现无法完成内容输入，同时在限制框中会显示错误提示"请输入正确的手机号码"，如图4-71所示。

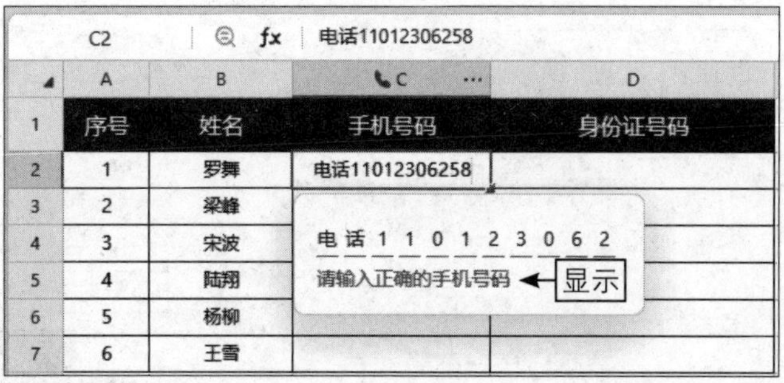

图4-71 显示错误提示

步骤 06 将中文"电话"删除，只留下与手机号码位数一致的数字，按【Enter】键后，还是无法完成内容输入，得到的依旧是错误提示，效果如图4-72所示。只有在单元格中输入正确的、真实的手机号码时，才能完成输入操作。

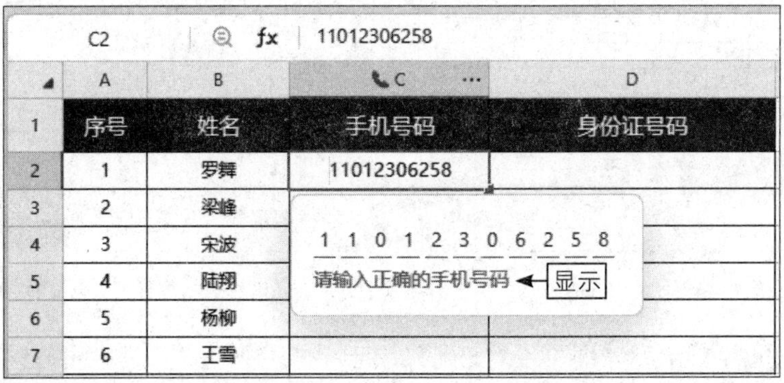

图 4-72 输入数字进行验证后的效果

★ 专 家 提 醒 ★

为避免真实的信息泄露，此处没有再用真实的手机号码和身份证号码举例演示，大家在实际操作时，可以用自己的手机号码和身份证号码进行验证。本例学习重点在于如何设置列规范输入手机号码和身份证号码，提高准确率。

步骤 07 ❶选中D列并单击列标签上的 ⋯ 按钮；❷在弹出的"列类型"面板中单击▶按钮；❸在弹出的下拉列表中选择"身份证号码"选项，如图4-73所示。执行操作后，即可设置D列只能输入身份证号码，只有在D列中输入正确的、真实的身份证号码时，才能完成输入操作。

图 4-73 选择"身份证号码"选项

4.3　使用快捷工具自动处理

在智能表格的功能区中为用户提供了"快捷工具"，通过"快捷工具"可以协助用户自动处理表格数据，包括高亮显示重复值、统计重复次数、提取唯一值、清除公式仅保留值，以及自动提取证件信息等，提高用户的办公效率。

4.3.1　高亮显示重复值

通过高亮显示重复值，可以快速找到数据区域中的重复值。在数据量较大的情况下，手动查找重复值可能非常耗时且容易出错，通过"快捷工具"可以避免数据错误，确保数据的准确性和完整性。下面介绍具体的操作。

扫码看教学视频

步骤01　新建一个智能表格文件，输入表格数据并简单地美化表格，效果如图4-74所示，需要在表格中将同一天入职的日期进行高亮标记。

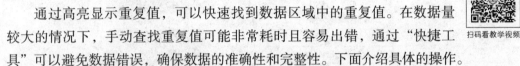

图 4-74　新建一个智能表格

步骤02　❶选中D列；❷在功能区中单击"快捷工具"下拉按钮；❸在弹出的下拉列表中选择"高亮重复值"选项，如图4-75所示。

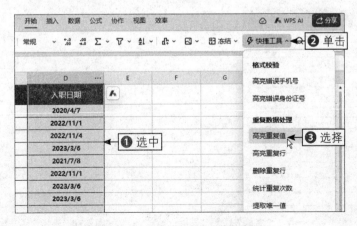

图 4-75　选择"高亮重复值"选项

步骤 03 执行操作后，表格即可自动执行任务，在D列单元格中将多组重复的日期用不同的颜色进行标记，高亮显示重复值，如图4-76所示。

	A	B	C	D
1	序号	部门	姓名	入职日期
2	1	人事部	张凤	2020/4/7
3	2	人事部	李梦	2022/11/1
4	3	管理部	刘心	2022/11/4
5	4	后勤部	陈峰	2023/3/6
6	5	生产部	周阳	2021/7/8
7	6	生产部	吴倩	2022/11/1
8	7	销售部	郑爱	2023/3/6
9	8	销售部	王星	2023/3/6
10				

图 4-76 高亮显示重复值

4.3.2 统计重复次数

在WPS智能表格中，通过"快捷工具"统计重复次数，可以快速得到结果，统计结果会以数字的形式直接显示在新的列或单元格区域中，方便查看和理解。下面介绍具体的操作。

扫码看教学视频

步骤 01 新建一个智能表格文件，输入表格数据并简单美化表格，效果如图4-77所示，需要统计C列中采购物品重复出现的次数，以便了解办公物品的损耗情况。

步骤 02 选中C列，❶在功能区中单击"快捷工具"下拉按钮；❷在弹出的下拉列表中选择"统计重复次数"选项，如图4-78所示。

	A	B	C	D	E
1	序号	采购日期	采购物品		
2	1	2024/1/3	A4纸		
3	2	2024/1/3	墨盒		
4	3	2024/1/3	文件柜		
5	4	2024/1/8	便签纸		
6	5	2024/1/8	A4纸		
7	6	2024/1/15	档案袋		
8	7	2024/1/15	墨盒		
9	8	2024/1/25	A4纸		
10	9	2024/1/25	硒鼓		
11	10	2024/1/25	色带		
12	11	2024/1/25	便签纸		
13					

图 4-77 新建一个智能表格

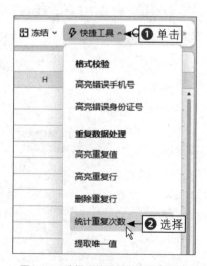

图 4-78 选择"统计重复次数"选项

步骤03 执行操作后，表格即可自动执行任务，并新建一个工作表，在其中对重复项和重复次数进行了统计，效果如图4-79所示。

	A ···	B	C	D
1	重复值	重复次数		
2	A4纸	3		
3	墨盒	2		
4	便签纸	2		
5	采购物品	1		
6	文件柜	1		
7	档案袋	1		
8	硒鼓	1		
9	色带	1		
10				

图 4-79 统计重复项和重复次数

4.3.3 提取唯一值

扫码看教学视频

在WPS智能表格中，无须复杂的公式或函数，通过"快捷工具"便可以快速筛选出数据中的唯一值，避免重复数据的干扰，确保数据的准确性和完整性，提高工作效率。下面介绍具体的操作。

步骤01 新建一个智能表格文件，输入表格数据并简单地美化表格，效果如图4-80所示，这里需要通过提取唯一值了解结款方式。

	A	B	C	D
1	序号	供应商	结款方式	是否已经结清
2	1	华美建材	月结	未结
3	2	品质建材	先款后货	已结
4	3	优选建材	信用结算	已结
5	4	永恒建材	分3期付款	未结
6	5	卓越建材	分3期付款	未结
7	6	博创建材	预付款50%	未结
8	7	德艺建材	信用结算	未结
9	8	绿源建材	货到付款	已结
10	9	康乐建材	一次性付款	已结
11	10	恒丰建材	货到付款	已结
12	11	瑞兴建材	预付款20%	已结
13	12	雅居建材	月结	未结

图 4-80 新建一个智能表格

步骤02 选中C列，❶在功能区中单击"快捷工具"下拉按钮；❷在弹出的下拉列表中选择"提取唯一值"选项，如图4-81所示。

97

步骤 03 执行操作后，表格即可自动执行任务，并新建一个工作表，将结款方式提取出来，效果如图4-82所示。

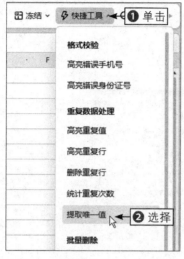

图 4-81　选择“提取唯一值”选项

	A
1	唯一值
2	结款方式
3	月结
4	先款后货
5	信用结算
6	分3期付款
7	预付款50%
8	货到付款
9	一次性付款
10	预付款20%

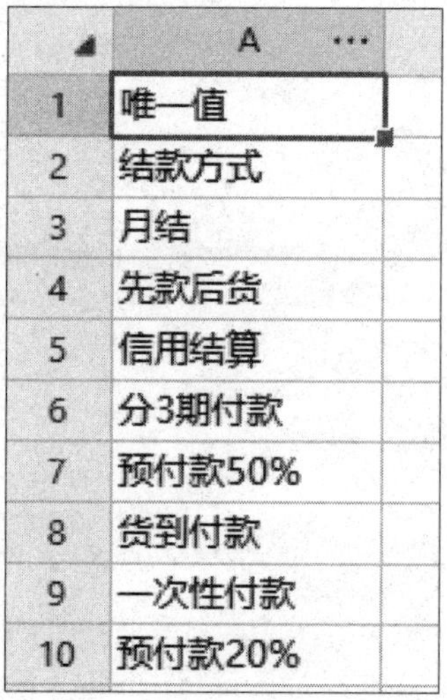

图 4-82　提取结款方式

4.3.4　清除公式仅保留值

在WPS智能表格中，用户可以通过“快捷工具”将单元格中的公式清除，同时保留公式的计算结果，这对需要复制或粘贴单元格内容非常有用。下面介绍具体的操作。

扫码看教学视频

步骤 01 新建一个智能表格文件，输入表格数据并简单地美化表格，效果如图4-83所示，首先需要在F列中计算出损耗金额，然后将公式清除并保留计算结果。

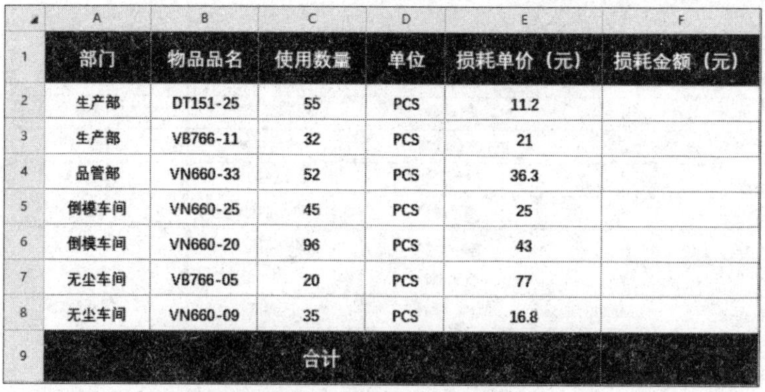

	A	B	C	D	E	F
1	部门	物品品名	使用数量	单位	损耗单价（元）	损耗金额（元）
2	生产部	DT151-25	55	PCS	11.2	
3	生产部	VB766-11	32	PCS	21	
4	品管部	VN660-33	52	PCS	36.3	
5	倒模车间	VN660-25	45	PCS	25	
6	倒模车间	VN660-20	96	PCS	43	
7	无尘车间	VB766-05	20	PCS	77	
8	无尘车间	VN660-09	35	PCS	16.8	
9	合计					

图 4-83　新建一个智能表格

步骤 02 ❶选择F2单元格；❷输入“=”符号；❸单击弹出的按钮，如图4-84所示。

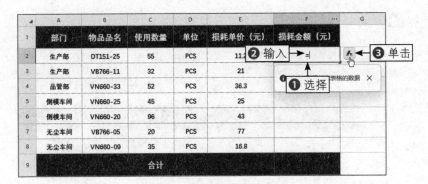

图 4-84　单击相应的按钮

步骤 03 执行操作后，弹出输入框，在其中输入公式生成指令"C列为使用数量，E列为损耗单价，需要计算损耗金额"，效果如图4-85所示。

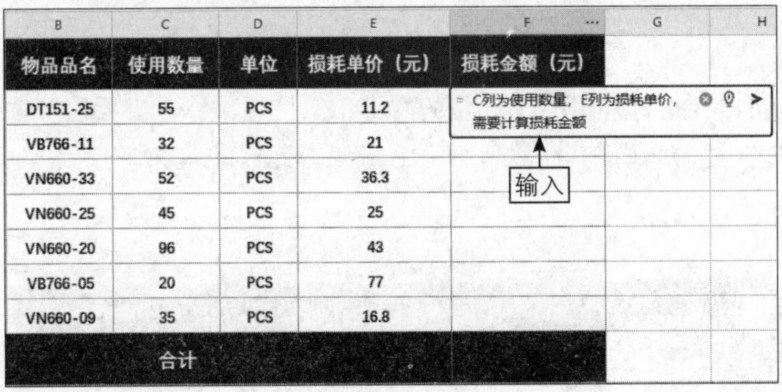

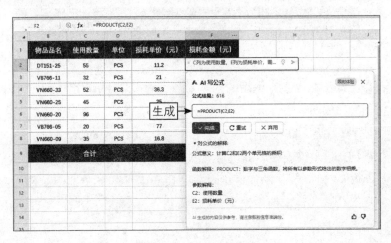

图 4-85　输入公式生成指令

步骤 04 按【Enter】键或单击➤按钮发送指令，即可获得AI生成的计算公式，效果如图4-86所示。

图 4-86　AI生成计算公式

步骤 05 单击"完成"按钮，即可计算出第1个物品的损耗金额，效果如图4-87所示。

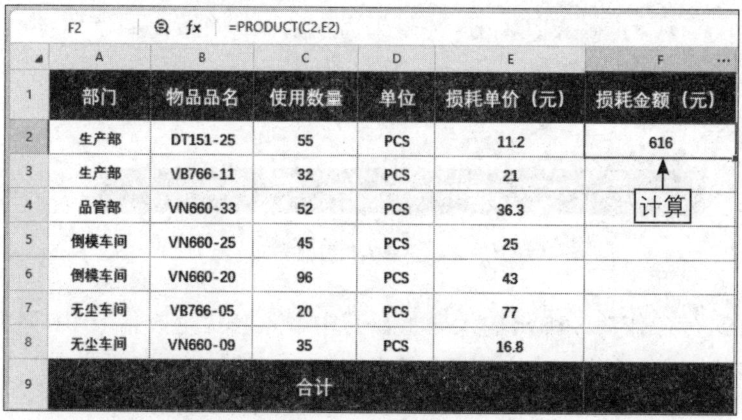

图4-87　计算出第1个物品的损耗金额

步骤 06 将鼠标指针移至F2单元格的右下角，按住鼠标左键并向下拖曳至F8单元格，即可填充公式，计算出其他物品的损耗金额，效果如图4-88所示。

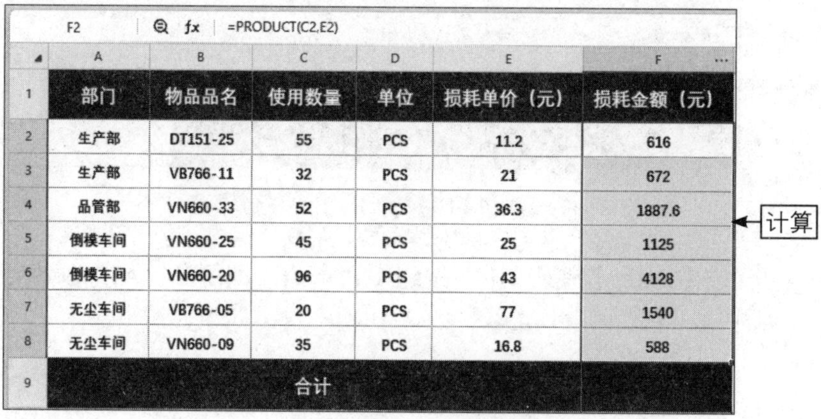

图4-88　计算出其他物品的损耗金额

步骤 07 接下来需要计算各物品的损耗总额，❶选择F9单元格；❷单击功能区中的"求和"按钮∑，如图4-89所示。

步骤 08 执行操作后，即可自动输入求和公式，如图4-90所示。

步骤 09 按【Enter】键确认，即可计算损耗总金额，效果如图4-91所示。

步骤 10 ❶选中F列；❷在功能区中单击"快捷工具"下拉按钮；❸在弹出的下拉列表中选择"清除公式仅保留值"选项，如图4-92所示。

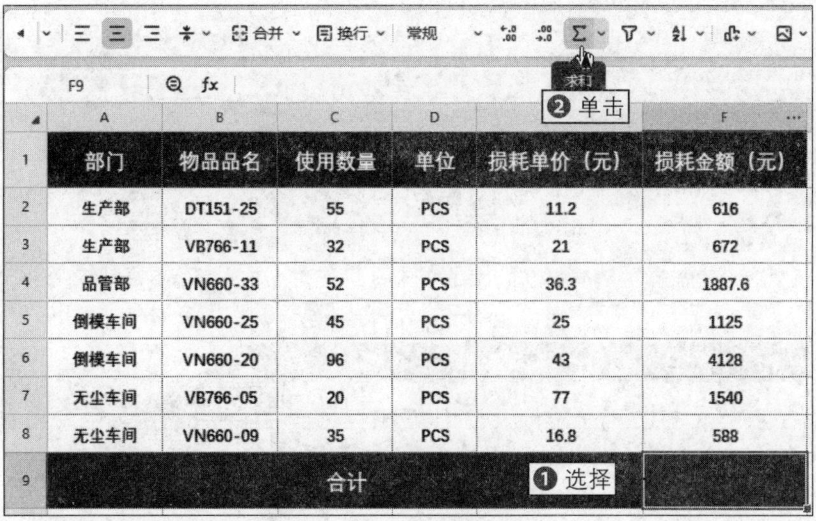

图 4-89　单击"求和"按钮

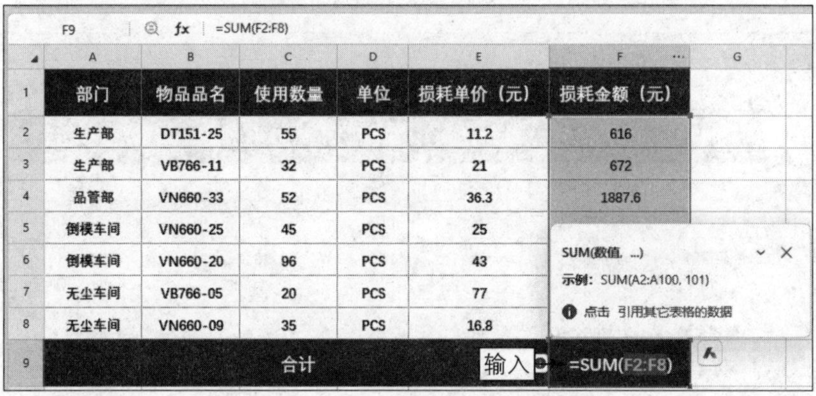

图 4-90　自动输入求和公式

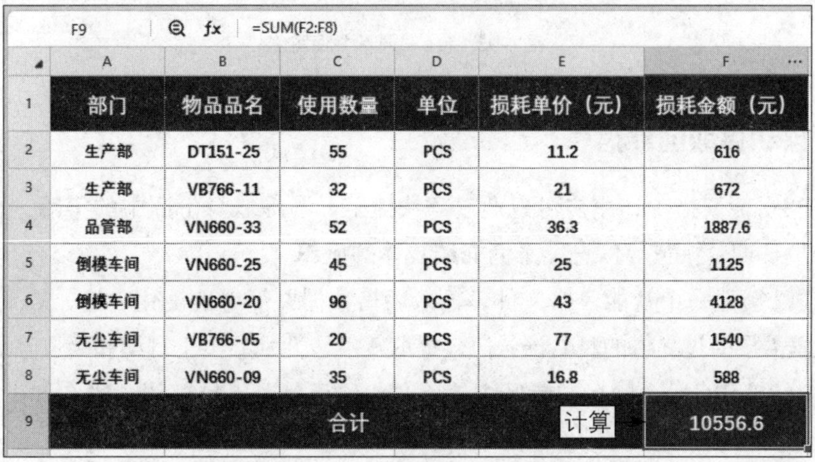

图 4-91　计算损耗总金额

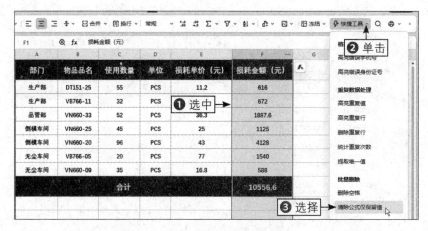

图 4-92　选择"清除公式仅保留值"选项

步骤11 执行操作后，表格即可自动执行任务，将公式清除并保留值，效果如图4-93所示。

部门	物品品名	使用数量	单位	损耗单价（元）	损耗金额（元）
生产部	DT151-25	55	PCS	11.2	616
生产部	VB766-11	32	PCS	21	672
品管部	VN660-33	52	PCS	36.3	1887.6
倒模车间	VN660-25	45	PCS	25	1125
倒模车间	VN660-20	96	PCS	43	4128
无尘车间	VB766-05	20	PCS	77	1540
无尘车间	VN660-09	35	PCS	16.8	588
合计					10556.6

图 4-93　将公式清除并保留值

4.3.5　自动提取证件信息

扫码看教学视频

在WPS智能表格中，用户可以通过"快捷工具"提取身份证中的年龄、性别、出生日期及籍贯等信息。下面介绍具体的操作。

步骤01 新建一个智能表格文件，输入表格数据并简单地美化表格，效果如图4-94所示，这里需要通过提供的身份证号码，提取年龄、性别、出生日期和籍贯等证件信息。

步骤02 选中C列，❶在功能区中单击"快捷工具"下拉按钮；❷在弹出的下拉列表中选择"身份证信息提取"|"年龄"选项，如图4-95所示。

▲	A	B	C
1	编号	姓名	身份证号码
2	240001	何瑶	123456187710110122
3	240002	郭峰	123456183504223237
4	240003	马心	123456184002053322
5	240004	朱笑	123456183011284726
6	240005	黄波	123456181107060431
7	240006	许峰	123456181802104739
8	240007	蒋雪	123456184403229660
9	240008	韩星	123456185809043317
10			

图 4-94　新建一个智能表格

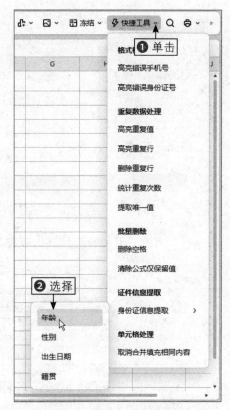

图 4-95　选择"年龄"选项

★ 专 家 提 醒 ★

注意，本例提供的身份证号码为虚拟的号码，仅用于案例演示讲解。

步骤 **03** 执行操作后，即可自动提取身份证号码中的年龄信息，如图4-96所示。

▲	A	B	C	···	D
1	编号	姓名	身份证号码	⚡	
2	240001	何瑶	123456187710110122		146
3	240002	郭峰	123456183504223237		188
4	240003	马心	123456184002053322		183
5	240004	朱笑	123456183011284726		193
6	240005	黄波	123456181107060431		212
7	240006	许峰	123456181802104739		205
8	240007	蒋雪	123456184403229660		179
9	240008	韩星	123456185809043317		165

提取

图 4-96　自动提取身份证号码中的年龄信息

步骤 **04** 参考以上方法，继续提取性别、出生日期和籍贯等身份信息，如图4-97所示。

C	D	E	F	G
身份证号码				
123456187710110122	天津市	1877年10月11日	女	146
123456183504223237	天津市	1835年04月22日	男	188
123456184002053322	天津市	1840年02月05日	女	183
123456183011284726	天津市	1830年11月28日	女	193
123456181107060431	天津市	1811年07月06日	男	212
123456181802104739	天津市	1818年02月10日	男	205
123456184403229660	天津市	1844年03月22日	女	179
123456185809043317	天津市	1858年09月04日	男	165

图 4-97　提取性别、出生日期和籍贯等身份信息

步骤05 为提取出来的信息添加表头，并简单地美化表格，效果如图4-98所示。

	A	B	C	D	E	F	G
1	编号	姓名	身份证号码	籍贯	出生日期	性别	年龄
2	240001	何瑶	123456187710110122	天津市	1877年10月11日	女	146
3	240002	郭峰	123456183504223237	天津市	1835年04月22日	男	188
4	240003	马心	123456184002053322	天津市	1840年02月05日	女	183
5	240004	朱笑	123456183011284726	天津市	1830年11月28日	女	193
6	240005	黄波	123456181107060431	天津市	1811年07月06日	男	212
7	240006	许峰	123456181802104739	天津市	1818年02月10日	男	205
8	240007	蒋雪	123456184403229660	天津市	1844年03月22日	女	179
9	240008	韩星	123456185809043317	天津市	1858年09月04日	男	165

图 4-98　添加表头并简单地美化表格后的效果

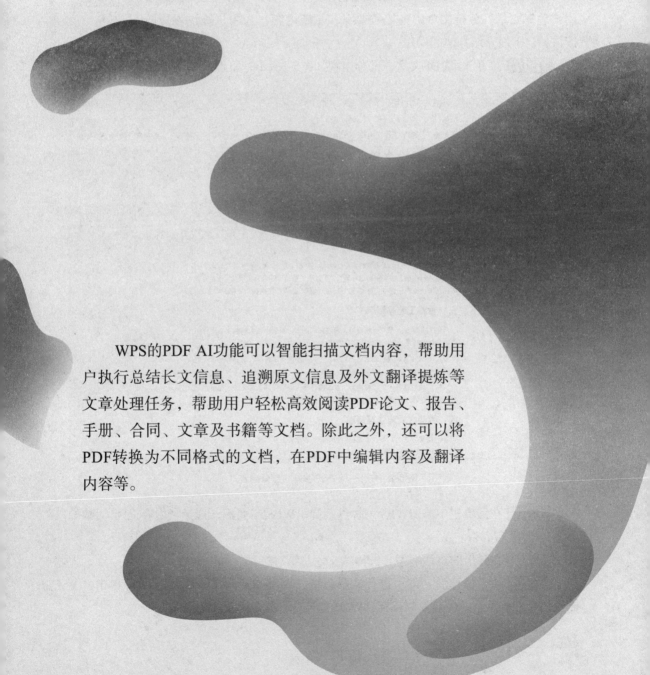

第 5 章

AI 图像处理：智能扫描与转换

WPS的PDF AI功能可以智能扫描文档内容，帮助用户执行总结长文信息、追溯原文信息及外文翻译提炼等文章处理任务，帮助用户轻松高效阅读PDF论文、报告、手册、合同、文章及书籍等文档。除此之外，还可以将PDF转换为不同格式的文档，在PDF中编辑内容及翻译内容等。

5.1 WPS AI智能扫描并分析

WPS AI可以快速扫描PDF文档，并通过自然语言处理技术对文档内容进行智能识别和理解分析，包括总结全文、问题咨询、检索文档及提取要点等，提高用户的阅读效率和工作效率。

5.1.1 通过AI对话总结全文

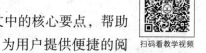

扫码看教学视频

在WPS PDF中，使用WPS AI可以为用户总结全文中的核心要点，帮助用户理解文章、分析文章中的核心要点和主题内容，为用户提供便捷的阅读体验。下面介绍具体的操作。

步骤01 打开一篇PDF文章，部分内容如图5-1所示，下面总结全文、提炼要点。

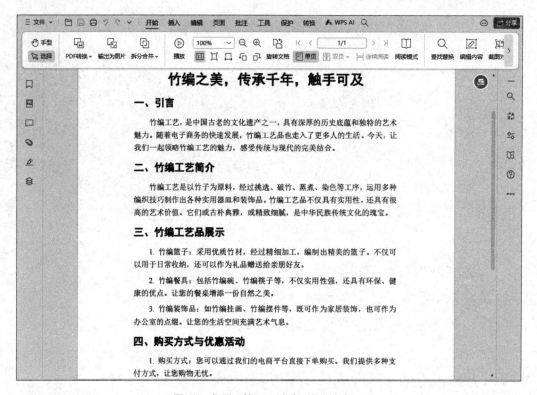

图 5-1 打开一篇 PDF 文章（部分内容）

步骤02 在菜单栏中单击WPS AI标签，弹出WPS AI面板，选择"内容提问"选项，如图5-2所示。

步骤03 在弹出的对话框中，选择"文章总结"选项，如图5-3所示。

步骤04 执行操作后，即可进行文章总结，效果如图5-4所示。用户可以单击"复制"按钮，将总结的内容复制保存到Word文档或记事本等文件中。

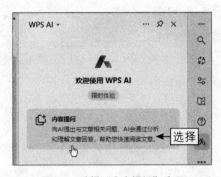

图 5-2　选择"内容提问"选项

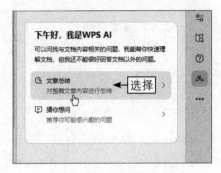

图 5-3　选择"文章总结"选项

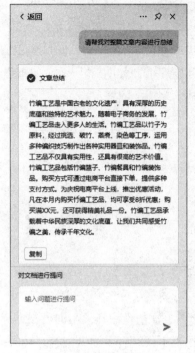

图 5-4　文章总结效果

5.1.2　选择推荐问题向AI咨询

扫码看教学视频

在WPS PDF中，WPS AI提供了"猜你想问"功能，可以推荐用户可能感兴趣的问题，用户可以通过选择推荐的问题向AI咨询，获得相关信息。下面介绍具体的操作。

步骤01 打开一个PDF文档，部分内容如图5-5所示，下面通过AI咨询问题。

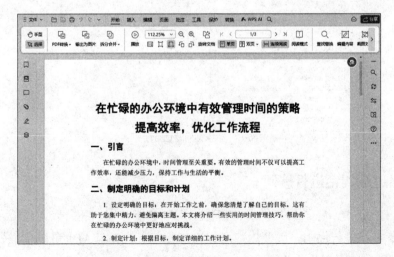

图 5-5　打开一个 PDF 文档（部分内容）

$\boxed{\text{步骤}\ 02}$ 在菜单栏中单击WPS AI标签，弹出WPS AI面板，选择"内容提问"选项，在弹出的对话框中，选择"猜你想问"选项，如图5-6所示。

$\boxed{\text{步骤}\ 03}$ 执行操作后，即可为用户推荐多个与文章相关的问题，这里选择一个感兴趣的问题即可，如图5-7所示。如果没有感兴趣的问题，可以单击"换一批"按钮，更换其他感兴趣的问题。

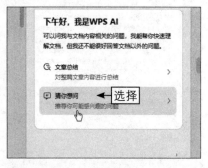

图5-6　选择"猜你想问"选项

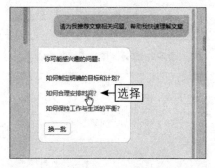

图5-7　选择一个感兴趣的问题

$\boxed{\text{步骤}\ 04}$ 稍等片刻，AI即可根据问题进行回答，并提供了原文所在页数，可以看到AI的回复不仅综合了原文内容，还补充了一些有效的相关内容，效果如图5-8所示。在回复内容下方还推荐了3个问题，用户可以继续选择问题向AI进行咨询。

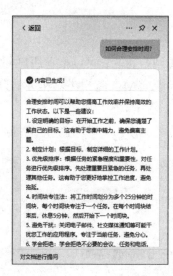

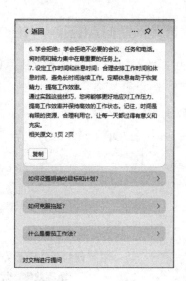

图5-8　AI根据问题进行回答

5.1.3　通过AI对话进行提问

扫码看教学视频

在WPS PDF中，除了AI提供的"猜你想问"功能，用户还可以通过输入对话指令向AI进行提问，以便用户可以精准提问，同时让AI也可以精准地回复问题。下面介绍具体的操作。

步骤 01 打开一篇PDF文章，部分内容如图5-9所示，下面对AI进行精准提问。

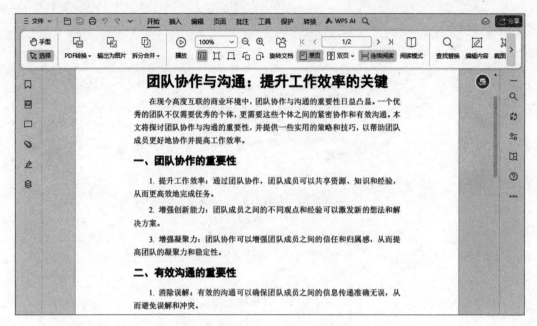

图5-9　打开一篇 PDF 文章（部分内容）

步骤 02 在菜单栏中单击WPS AI标签，弹出WPS AI面板，选择"内容提问"选项，如图5-10所示。

步骤 03 执行操作后，根据文章内容在输入框中输入提问指令"有效的沟通有哪些益处？"如图5-11所示。

图 5-10　选择"内容提问"选项

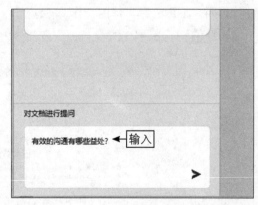

图 5-11　输入提问指令

步骤 04 按【Enter】键发送或单击➤按钮，稍等片刻，AI即可根据用户发送的问题进行回答，效果如图5-12所示。

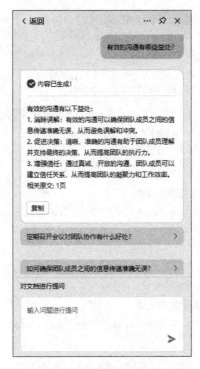

图 5-12　AI 根据问题进行回答

5.1.4　通过AI对话检索文档

扫码看教学视频

在WPS PDF中，AI可以检索文档内容，帮助用户分析文档中文章的关键词信息，用户可以直接用关键词提问，或者在文章中选取关键词信息再进行提问。下面介绍具体的操作。

步骤 01 打开一个PDF文档，文章部分内容如图5-13所示，下面检索文章关键信息。

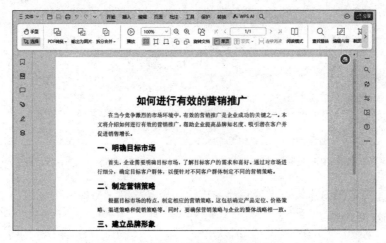

图 5-13　打开一个 PDF 文档（部分内容）

步骤 **02** 在菜单栏中单击WPS AI标签，弹出WPS AI面板，选择"内容提问"选项，执行操作后，根据文章内容在输入框中输入检索指令"检索关键词：优化用户体验"，如图5-14所示。

步骤 **03** 按【Enter】键发送或单击➤按钮，稍等片刻，AI即可检索文档中与关键词相关的内容，效果如图5-15所示。

图 5-14　输入检索指令

图 5-15　AI 检索文档后的效果

5.1.5　通过AI总结段落要点

扫码看教学视频

在WPS PDF中，用户还可以在文档中选择某一个段落，让AI总结段落要点。此外，WPS AI还提供了"详细"和"精简"两种总结模式以供选择。下面介绍具体的操作。

步骤 **01** 打开一个PDF文档，文章部分内容如图5-16所示，下面总结文章段落要点。

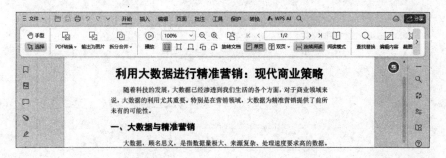

图 5-16　打开一个 PDF 文档（部分内容）

步骤 02 ❶选择PDF文档中需要总结的一个或多个段落；❷在弹出的悬浮面板中单击WPS AI下拉按钮；❸在弹出的下拉列表中选择"总结"|"详细"选项，如图5-17所示。

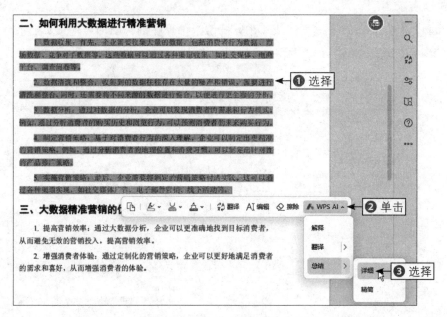

图5-17　选择"详细"选项

步骤 03 弹出相应的对话框，其中已经生成了详细的要点总结，单击"生成批注"按钮，效果如图5-18所示。

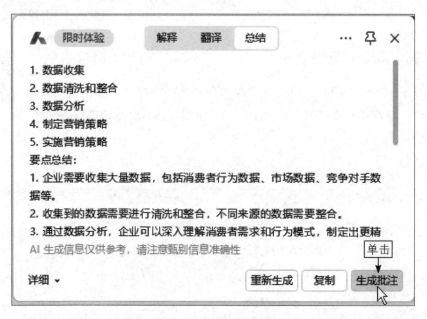

图5-18　单击"生成批注"按钮（1）

步骤04 执行操作后，即可生成一个详细的要点总结批注，效果如图5-19所示。

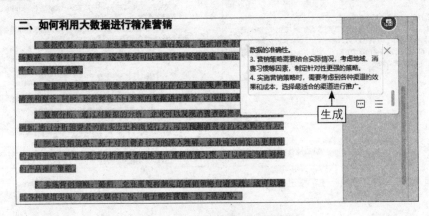

图 5-19　生成一个详细的要点总结批注

步骤05 ❶再次选择PDF文档中需要总结的段落内容；单击鼠标右键，❷在弹出的快捷菜单中选择WPS AI|"总结"|"精简"命令，如图5-20所示。

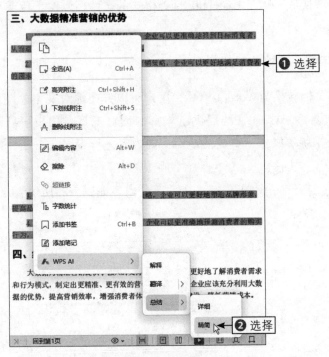

图 5-20　选择"精简"命令

步骤06 弹出相应的对话框，其中已经生成了精简的要点总结，单击"生成批注"按钮，效果如图5-21所示。

步骤07 执行操作后，即可生成一个精简的要点总结批注，将鼠标指针移至批注内容的任意位置，即可弹出生成的批注内容，效果如图5-22所示。

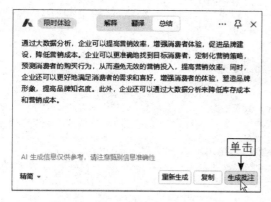

图 5-21　单击"生成批注"按钮（2）

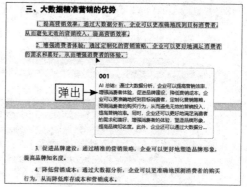

图 5-22　弹出生成的批注内容

5.2　PDF格式转换

WPS PDF具有功能强大、操作简便、兼容性高等特点。在WPS PDF中，用户可以将PDF文档转换成Word、Excel和PPT等格式的文件，以便于传输和分享，满足不同场景的需求。

5.2.1　将PDF转换为Word

将PDF文档转换为Word文档后，用户可以方便地对文本、图像和布局进行修改和调整。Word文档提供了丰富的编辑工具，用户可以利用鼠标完成选择、排版等操作，更灵活地对文档内容进行编辑。下面介绍将PDF文档转换为Word文档的操作方法。

扫码看教学视频

步骤01 打开一个PDF文档，文章部分内容如图5-23所示，下面将其转换为Word文档。

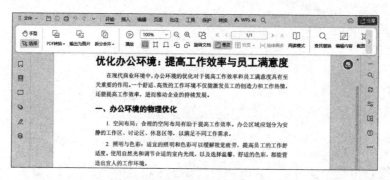

图 5-23　打开一个 PDF 文档（部分内容）

步骤02 在功能区中，❶单击"PDF转换"下拉按钮；❷在弹出的下拉列表中选择"转为Word"选项，如图5-24所示。

步骤 03 弹出"金山PDF转换"对话框，❶单击"输出目录"右侧的下拉按钮；
❷在弹出的下拉列表中选择"自定义目录"选项，如图5-25所示。

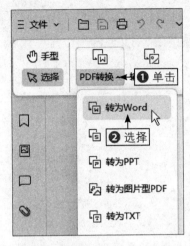

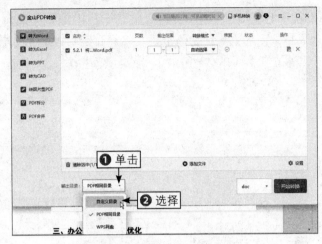

图 5-24　选择"转为 Word"选项　　　　　图 5-25　选择"自定义目录"选项

步骤 04 在对话框的右下角，可以设置导出的格式，如图5-26所示。

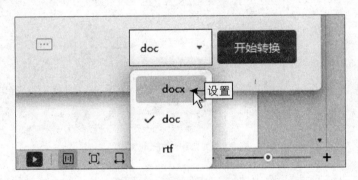

图 5-26　设置导出的格式

步骤 05 单击"开始转换"按钮，即可将PDF文档转换为Word文档，效果如图5-27
所示。

图 5-27　将 PDF 文档转换为 Word 文档效果（部分内容）

5.2.2 将PDF转换为Excel

扫码看教学视频

将PDF文档转换为Excel文件，可以轻松地从表格、图表或其他形式的数据中提取出所需信息，并进行进一步的编辑和分析，这对于需要频繁处理大量数据的人来说尤为重要。下面介绍将PDF文档转换为Excel文件的操作方法。

步骤01 打开一个PDF文档，如图5-28所示，下面将其转换为Excel文件。

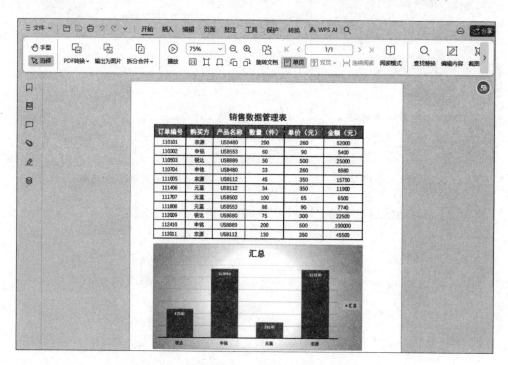

图 5-28　打开一个 PDF 文档

步骤02 在功能区中，❶单击"PDF转换"下拉按钮；❷在弹出的下拉列表中选择"转为Excel"选项，如图5-29所示。

图 5-29　选择"转为 Excel"选项

步骤03 弹出"金山PDF转换"对话框，❶设置好保存路径和导出格式；❷单击"开始转换"按钮，如图5-30所示。

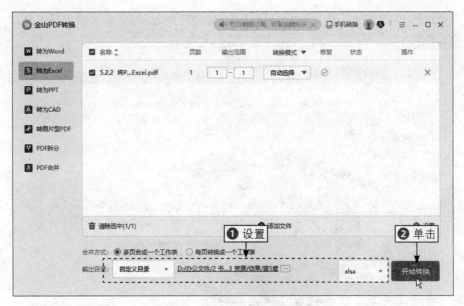

图 5-30　单击"开始转换"按钮

步骤 04 执行操作后，即可将PDF文档转换为Excel文件，效果如图5-31所示。

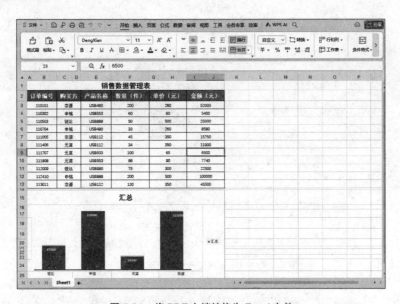

图 5-31　将 PDF 文档转换为 Excel 文件

5.2.3　将PDF转换为PPT

将静态的PDF文档转换成动态的PPT演示文稿，可以保持文档的原始格式和布局，确保转换后的PPT与原始PDF基本一致。无论是文字、图片还是表格，都能完整地呈现在PPT中。无论是工作中需要做报告，还是学习中需要制作课件，

扫码看教学视频

都可以通过PDF转PPT来实现。下面介绍将PDF文档转换为PPT演示文稿的操作方法。

步骤 01 打开一个PDF文档，部分内容如图5-32所示，下面将其转换为PPT演示文稿。

图 5-32　打开一个 PDF 文档（部分内容）

步骤 02 在功能区中，❶单击"PDF转换"下拉按钮；❷在弹出的下拉列表中选择"转为PPT"选项，如图5-33所示。

步骤 03 弹出"金山PDF转换"对话框，❶设置好保存路径和导出格式；❷单击"开始转换"按钮，如图5-34所示。

步骤 04 执行上述操作后，即可将PDF文档转换为PPT演示文稿，效果如图5-35所示。

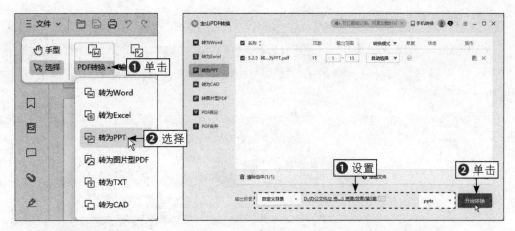

图 5-33　选择"转为 PPT"选项　　　　　　图 5-34　单击"开始转换"按钮

图 5-35　将 PDF 文档转换为 PPT 演示文稿

★ 专家提醒 ★

注意，转换后文档中的图形可能会出现细微的变化，文字的位置也可能会出现排版错位，用户可以在 PPT 中进行适当的调整和修改。

5.3　编辑与翻译内容

WPS PDF注重用户体验，界面简洁直观，无论是在文件翻译、编辑还是页面设计等方面，WPS PDF都能满足用户的需求，成为办公和学习的好帮手。本节主要介绍在WPS PDF中编辑内容、翻译内容，以及添加图章、水印和背景等的操作方法。

5.3.1 编辑文档内容

扫码看教学视频

WPS PDF为用户提供了"编辑内容"功能，可以编辑PDF文档中的文字、图片和矢量图对象，满足用户大部分的编辑需求。下面介绍具体的操作。

步骤 01 打开一个PDF文档，部分内容如图5-36所示，下面将文中的小标题加粗显示，并删除"#"符号。

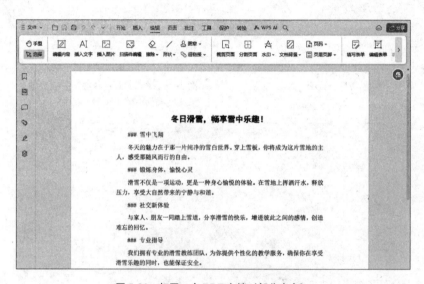

图 5-36 打开一个 PDF 文档（部分内容）

步骤 02 在"编辑"功能区中，单击"编辑内容"按钮，如图5-37所示。

步骤 03 执行操作后，页面中会显示虚框，表示可编辑内容，如图5-38所示。

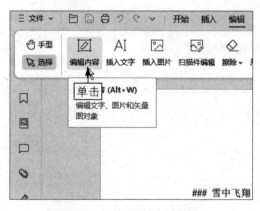

图 5-37 单击"编辑内容"按钮

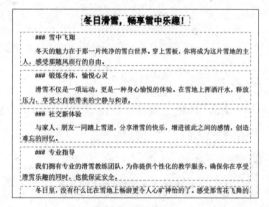

图 5-38 显示虚框

步骤 04 将小标题前面的"#"符号删除，并选中小标题，按【Ctrl+B】组合键加粗，效果如图5-39所示。

步骤 05 执行操作后，可以按【Esc】键退出，或者在功能区中单击"退出编辑"按钮退出编辑状态，如图5-40所示。至此，完成文档内容的编辑操作。

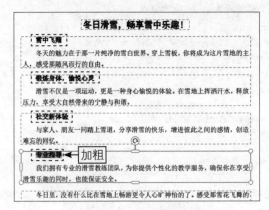

图 5-39　将小标题加粗

图 5-40　单击"退出编辑"按钮

5.3.2　划词翻译内容

当用户在阅读外文PDF文档时，如果对某些词汇不理解，可以选择该词汇进行划词翻译，不需要用户离开WPS PDF界面，直接在文档中划词即可获得翻译结果，方便又快捷。此外，还可以使用WPS AI助手进行翻译。下面介绍在WPS PDF中划词翻译内容的操作方法。

扫码看教学视频

步骤 01 打开一个外文PDF文档，部分内容如图5-41所示，下面利用WPS PDF提供的功能对文档中不理解的词汇内容进行实时翻译。

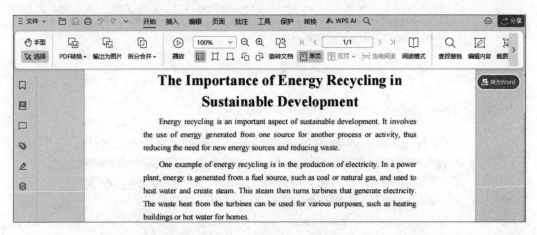

图 5-41　打开一个外文 PDF 文档（部分内容）

步骤 02 ❶在文档中选择第2段内容；❷即可弹出"划词翻译"悬浮面板，实时翻译所选内容，如图5-42所示。

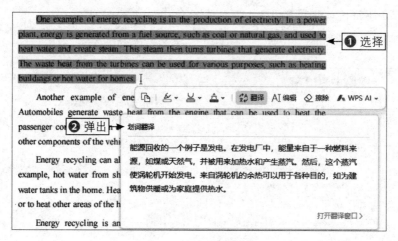

图 5-42　划词翻译效果

步骤 03 除了划词翻译，还可以使用WPS AI进行翻译，❶这里选择第3段内容；❷在悬浮面板中单击WPS AI下拉按钮；❸在弹出的下拉列表中选择"翻译"|"中文"选项，如图5-43所示。

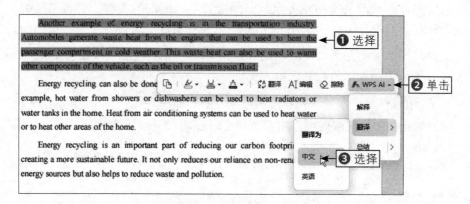

图 5-43　选择"中文"选项

步骤 04 执行操作后，AI即可生成翻译内容，效果如图5-44所示。

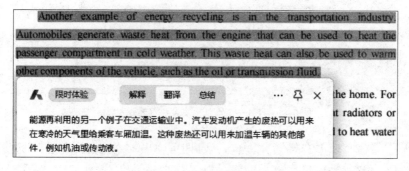

图 5-44　AI生成翻译内容

5.3.3　添加文档图章

文档图章可以用于签署合同、审批文件，还可以用于防伪、防篡改，从而确保文档的完整性和真实性，提高文档的可信度和可靠性。在WPS PDF中，用户可以直接使用WPS提供的审批图章，也可以自定义图章，不需要使用传统的印章或手写签名也可以很快地完成签名过程。下面介绍在WPS PDF文档中添加图章的操作方法。

扫码看教学视频

步骤 01 打开一个待审批的PDF文档，如图5-45所示，下面利用WPS PDF提供的图章对文档进行审批。

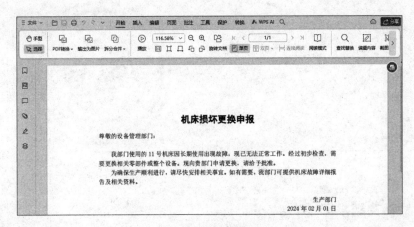

图 5-45　打开一个待审批的 PDF 文档

步骤 02 在"插入"功能区中，❶单击"图章"下拉按钮；❷在弹出的下拉列表中选择"同意"图章，如图5-46所示。

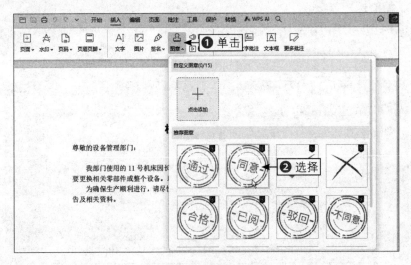

图 5-46　选择"同意"图章

步骤03 执行上述操作后，鼠标指针将变成所选图章样式，用户可以随意移动图章，在合适的位置单击，即可为文档添加图章，根据需要调整其大小即可，效果如图5-47所示。

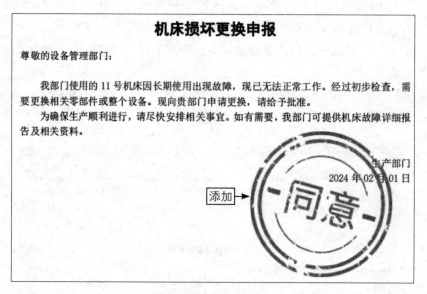

图 5-47　为文档添加图章

5.3.4　添加文档水印

水印可以防止文档被非法复制或篡改，也可以用于标记文档的来源，如公司名称、机构或个人等，方便管理和使用文档。WPS PDF支持添加文本或图片水印，用户可以根据个人需要选择适合的水印形式。下面介绍在WPS PDF文档中添加水印的操作方法。

扫码看教学视频

步骤01 打开一个PDF文档，部分内容如图5-48所示，需要添加公司名称作为文档水印。

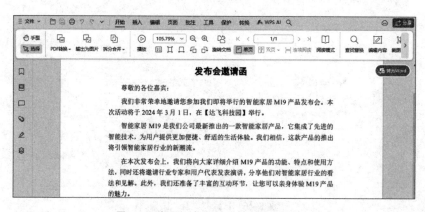

图 5-48　打开一个 PDF 文档（部分内容）

步骤 02 在"插入"功能区中，❶单击"水印"下拉按钮；❷在弹出的下拉列表中单击"自定义水印"下方的"点击添加"按钮，如图5-49所示。

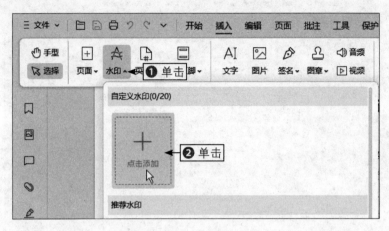

图 5-49 单击"点击添加"按钮

步骤 03 弹出"添加水印"对话框，❶在"文本"文本框中输入公司名称；❷在"外观"选项区域设置"不透明度"为15%、"相对页面比例"为60%、"多行水印"为"一页三行"，如图5-50所示。

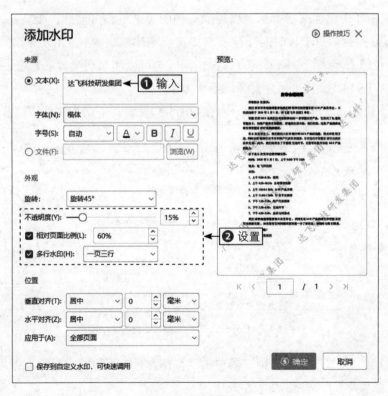

图 5-50 水印参数设置

步骤04 单击"确定"按钮，即可在文档中添加水印，效果如图5-51所示。

图 5-51　在文档中添加水印

5.3.5　添加文档背景

在WPS PDF中添加文档背景可以增强文档的美观度和可读性，提高文档的整体阅读体验。对于长时间阅读或需要重点突出的内容，可以选择适当的背景颜色或图案来增强阅读的舒适度，同时也可以使用渐变背景来增强视觉效果。下面介绍在WPS PDF文档中添加背景的操作方法。

步骤01 打开一个PDF文档，部分内容如图5-52所示，下面为文档添加背景。

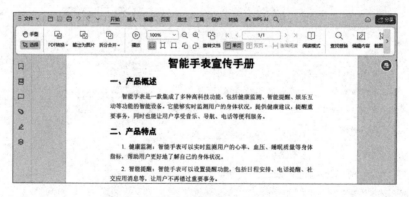

图 5-52　打开一个 PDF 文档（部分内容）

步骤02 在"编辑"功能区中，❶单击"文档背景"下拉按钮；❷在弹出的下拉列表中选择"添加背景"选项，如图5-53所示。

图 5-53 选择"添加背景"选项

步骤 **03** 弹出"添加背景"对话框，❶选中"图片"单选按钮；❷单击"浏览"按钮，如图5-54所示。

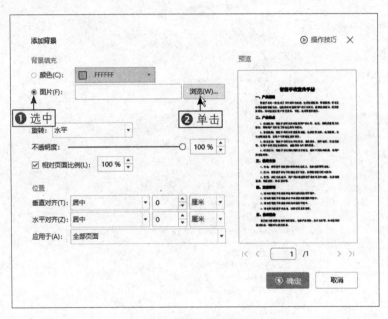

图 5-54 单击"浏览"按钮

步骤 **04** 弹出"打开"对话框，找到背景图片所在的文件路径，选择背景图片，如图5-55所示。

步骤 **05** 单击"打开"按钮，返回"添加背景"对话框，❶设置"不透明度"为10%，降低背景图片的透明度，使文字能够清晰显示；❷设置"相对页面比例"为130%，调大背景图片的尺寸，使其可以覆盖整个背景画布，如图5-56所示。

步骤 **06** 单击"确定"按钮，完成背景图片的添加，效果如图5-57所示。

图 5-55　选择背景图片

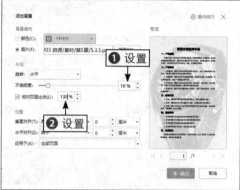

图 5-56　设置各项参数

图 5-57　添加背景的效果

第 6 章

AI 模板应用：在线选择与获取

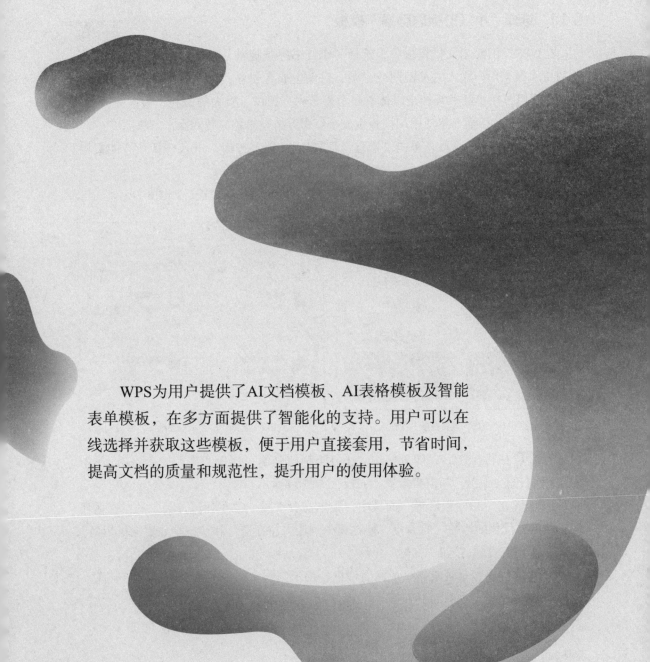

WPS为用户提供了AI文档模板、AI表格模板及智能表单模板，在多方面提供了智能化的支持。用户可以在线选择并获取这些模板，便于用户直接套用，节省时间，提高文档的质量和规范性，提升用户的使用体验。

6.1 选择AI文档模板

AI文档模板具有标准化和自动化的特点，它简化了编辑文档的过程，使得用户可以专注于内容而不是格式。AI文档模板为用户提供了项目管理、周报日报、工作规划、团队管理、互联网、校园模板、HR（人力资源）人力、电商运营及个人常用等模板类型，涵盖了新媒体、教育、互联网及电商等各个行业领域。在WPS中使用AI文档模板，可以让用户更加高效、准确地创建和编辑文档。

6.1.1 选择"小红书标题脑暴"模板

在WPS提供的AI文档模板中，选择"小红书标题脑暴"模板，可以通过AI技术根据用户输入的关键词或主题，自动生成有创意、有吸引力的标题。这为用户在小红书等社交媒体平台上发布内容提供了极大的便利，大大提高了内容创作的效率。下面介绍使用AI模板生成小红书穿搭类爆款标题的操作方法。

扫码看教学视频

步骤01 在WPS首页，单击"新建"|"智能文档"按钮，进入"新建智能文档"界面，单击"AI模板"右侧的"查看更多"按钮，如图6-1所示。

步骤02 进入"AI模板"界面，选择"小红书标题脑暴"模板，如图6-2所示。

图6-1 单击"查看更多"按钮

图6-2 选择"小红书标题脑暴"模板

步骤03 执行操作后，即可使用"小红书标题脑暴"模板，文档中会显示示例内容，文档右侧会弹出"AI模板设置"面板，如图6-3所示。

步骤04 在"AI模板设置"面板中，根据需要设置"发布频道分类"和"主题/正文内容/需要优化的标题"的内容，❶这里分别输入"穿搭"和"冬季显瘦穿搭指南"；❷单击"开始生成"按钮，如图6-4所示。

步骤05 弹出"是否重新生成"对话框，提示当前文档中的示例内容将会被删除，单击"确定"按钮，如图6-5所示。

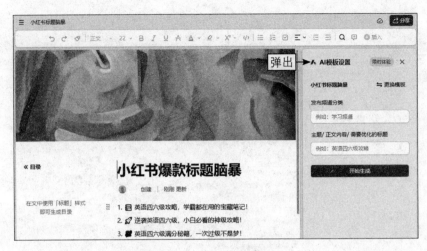

图 6-3 弹出"AI 模板设置"面板

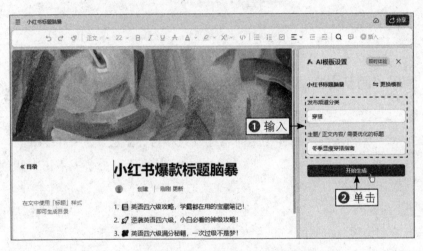

图 6-4 单击"开始生成"按钮

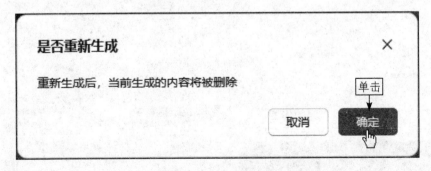

图 6-5 单击"确定"按钮

步骤06 执行操作后，AI即可生成多个小红书爆款标题，如图6-6所示。单击"完成"按钮，即可完成小红书标题生成操作。

131

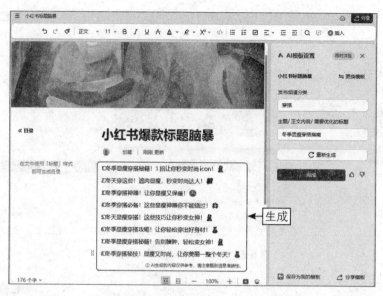

图 6-6　AI 生成多个小红书爆款标题

6.1.2　选择"朋友圈文案润色"模板

"朋友圈文案润色" AI模板支持个性化定制，AI通过对大量朋友圈文案进行深度学习，已经掌握了各种优秀的表达方式和修辞手法，使用它来润色文案，可以使文案更加生动、有趣、有感染力，从而吸引更多人点击、阅读、点赞和转发。下面介绍通过AI模板生成朋友圈文案的操作方法。

扫码看教学视频

步骤01 在WPS首页，单击"新建"|"智能文档"按钮，进入"新建智能文档"界面，单击"AI模板"右侧的"查看更多"按钮，如图6-7所示。

步骤02 进入"AI模板"界面，选择"朋友圈文案润色"模板，如图6-8所示。

图 6-7　单击"查看更多"按钮

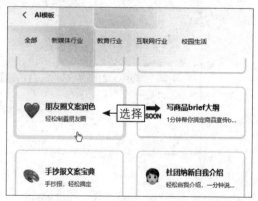

图 6-8　选择"朋友圈文案润色"模板

步骤03 执行操作后，即可使用"朋友圈文案润色"模板，文档中会显示示例内容，如图6-9所示。

图6-9 使用"朋友圈文案润色"模板

步骤04 在"AI模板设置"面板中，❶根据需要在文本框中输入想发的内容，例如"阳光、海浪、沙滩……难忘的一次旅行体验！"；❷设置"文案风格"为"浪漫"，如图6-10所示。

图6-10 设置"文案风格"为"浪漫"

★ 专家提醒 ★

当智能文档中的封面不符合文案主题内容时，用户可以将封面图片删除或更换成更符合文案主题的图片。

步骤05 单击"开始生成"按钮，弹出"是否重新生成"对话框，单击"确定"按钮，AI即可生成多条朋友圈文案，如图6-11所示。单击"完成"按钮，即可完成朋友圈文案润色操作。

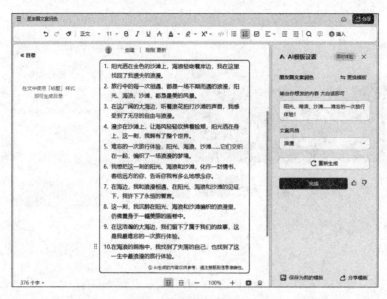

图 6-11　AI 生成多条朋友圈文案

6.1.3　选择"工作日报速写神器"模板

在使用"工作日报速写神器"模板时，用户只需在指定区域输入工作内容、完成情况等信息，AI模板即可自动将这些信息整合到日报中，快速生成一份标准、专业的工作日报。相较于传统的手动编写方式，使用AI模板不仅提高了效率，还确保了数据的准确性和文档的专业性。下面介绍通过AI模板生成工作日报的操作方法。

步骤01 在WPS首页，单击"新建"|"智能文档"按钮，进入"新建智能文档"界面，单击"AI模板"右侧的"查看更多"按钮，进入"AI模板"界面，选择"工作日报速写神器"模板，如图6-12所示。

图 6-12　选择"工作日报速写神器"模板

步骤02 执行操作后，即可使用"工作日报速写神器"模板，文档中会显示示例内容，如图6-13所示。

图6-13　使用"工作日报速写神器"模板

步骤03 在"AI模板设置"面板中，❶根据需要输入"今日工作总结"和"明日工作计划"；❷单击"开始生成"按钮，如图6-14所示。

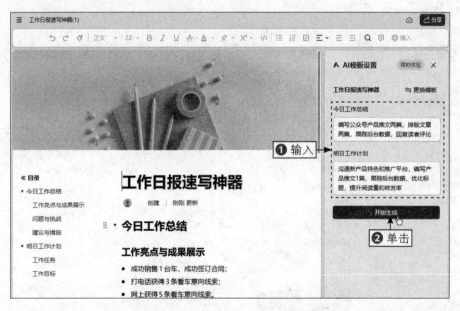

图6-14　单击"开始生成"按钮

步骤04 弹出"是否重新生成"对话框，单击"确定"按钮，AI即可生成工作日报，如图6-15所示。单击"完成"按钮，修改日期和姓名，即可完成工作日报的生成操作。

工作日报

XXXX年XX月XX日

[姓名]

今日工作总结：

1. **公众号文章编写与排版**：完成了公众号产品推文两篇，排版文章两篇。我对文章进行了精心排版，确保阅读体验流畅。同时，我针对不同的内容调整了排版风格，使得推文整体效果更佳。

2. **后台数据跟踪**：我持续跟踪了后台数据，深入了解用户阅读习惯和反馈，为后续内容优化提供了有力支持。

3. **读者评论回复**：及时回复了读者的评论，与用户保持良好互动，提升了用户的粘性和满意度。

存在的问题和挑战

在跟踪后台数据时，发现部分文章的阅读量和转发率仍有提升空间。这可能是由于标题吸引力不足或内容与目标用户需求不完全匹配。

明日工作计划：

1. **沟通新产品特色与推广平台**：与团队沟通，了解新产品的特色和定位，明确推广目标和平台，为后续推文编写提供依据。

2. **编写产品推文**：计划编写一篇关于新产品的推文，重点突出产品特点和用户价值。

3. **后台数据跟踪与优化**：持续跟踪后台数据，对标题进行优化，以提高文章的阅读量和转发率。

4. **提高内容质量**：基于用户的反馈和数据表现，针对性地调整内容策略，满足用户需求并提高粘性。

① AI生成的内容仅供参考，请注意甄别信息准确性。

W WPS Office 新建无限可能

图6-15 AI生成工作日报

6.1.4 选择"在职证明"模板

使用WPS的"在职证明"AI模板，可以帮助用户快速生成专业的文档，提高工作效率，是人力资源工作人员日常办公中非常实用的工具。下面介绍通过AI模板生成员工在职证明的操作方法。

步骤01 在WPS首页，单击"新建"|"智能文档"按钮，进入"新建智能文档"界面，单击"HR人力"右侧的"查看更多"按钮，如图6-16所示。

步骤02 进入"HR人力"界面，选择"在职证明"模板，如图6-17所示。

图6-16 单击"查看更多"按钮

图6-17 选择"在职证明"模板

步骤03 执行操作后，弹出"在职证明"对话框，在其中可以预览模板内容，单击"使用模板"按钮，如图6-18所示。

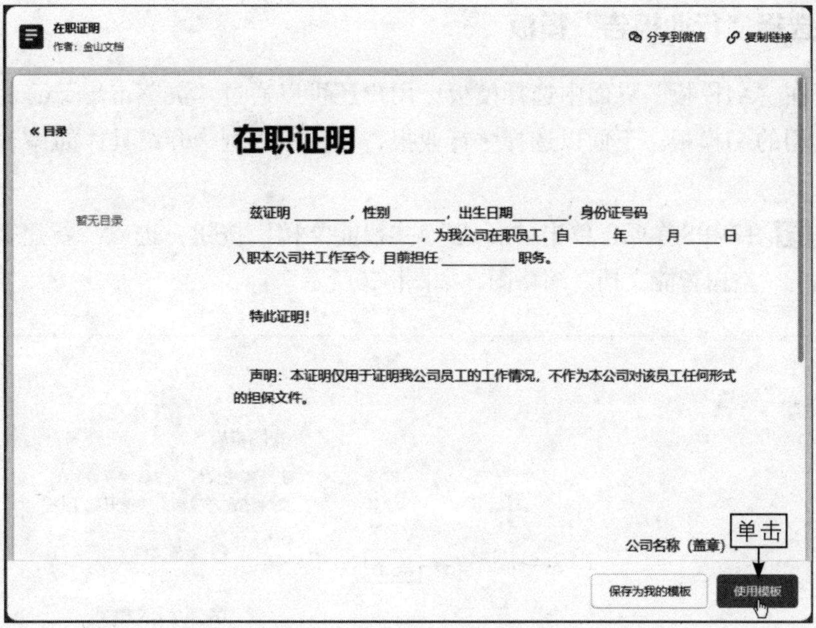

图 6-18　单击“使用模板”按钮

步骤 04 执行操作后，即可应用“在职证明”模板，如图6-19所示，用户根据需要在文档中输入对应的信息即可。

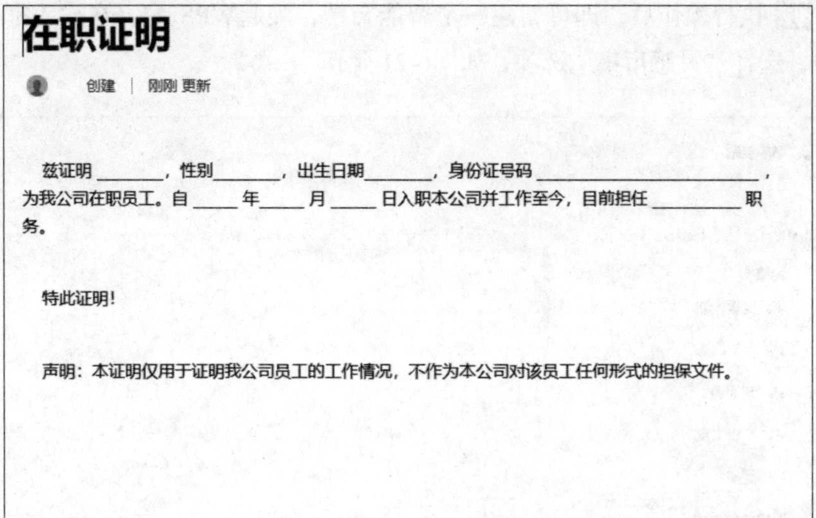
在职证明

创建 | 刚刚 更新

兹证明______，性别______，出生日期______，身份证号码______________，为我公司在职员工。自____年____月____日入职本公司并工作至今，目前担任________职务。

特此证明！

声明：本证明仅用于证明我公司员工的工作情况，不作为本公司对该员工任何形式的担保文件。

公司名称（盖章）：__________

证　明　人：__________

联系电话：__________

日　　期：__________

图 6-19　应用“在职证明”模板

6.1.5 选择"行业报告"模板

扫码看教学视频

除了在"AI模板"界面中选择模板，用户还可以通过"灵感市集"面板选择实用的AI模板。下面以选择"行业报告"模板为例，介绍具体的操作方法。

步骤01 在WPS首页，单击"新建"|"智能文档"按钮，进入"新建智能文档"界面，单击"空白智能文档"缩略图，如图6-20所示。

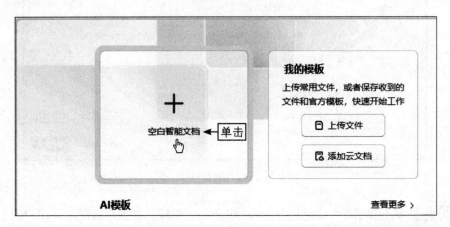

图6-20　单击"空白智能文档"缩略图

步骤02 执行操作后，即可新建一个智能文档，唤起WPS AI，在输入框下方的下拉列表中，选择"灵感市集"选项，如图6-21所示。

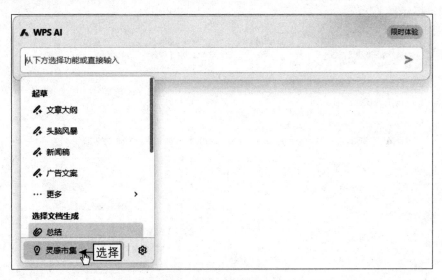

图6-21　选择"灵感市集"选项

步骤03 弹出"灵感市集"面板，其中显示了多个AI模板，如图6-22所示。

图 6-22　"灵感市集"面板

步骤04 在"搜索指令"文本框中，❶输入"行业报告"指令，下方即可显示搜索出的"行业报告"模板；❷单击"使用"按钮，如图6-23所示。

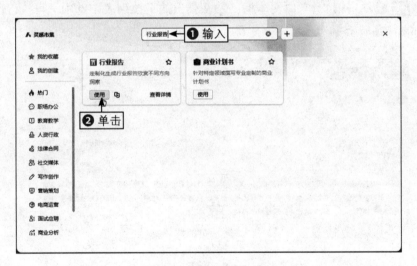

图 6-23　单击"使用"按钮

步骤05 弹出WPS AI输入框，其中已经编写好了指令模板，如图6-24所示。

图 6-24　弹出 WPS AI 输入框

步骤 06 ❶在输入框的前两个空白文本框中输入关键信息；❷单击第3个空白文本框；❸在弹出的下拉列表中选中"重点突出"单选按钮，如图6-25所示。

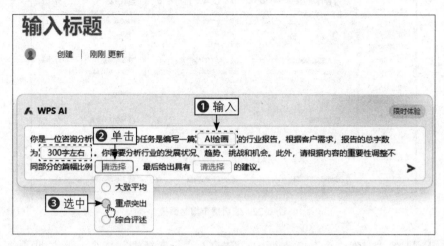

图 6-25 选中"重点突出"单选按钮

步骤 07 ❶单击第4个空白文本框；❷在弹出的下拉列表中选中"可执行性"单选按钮，如图6-26所示。

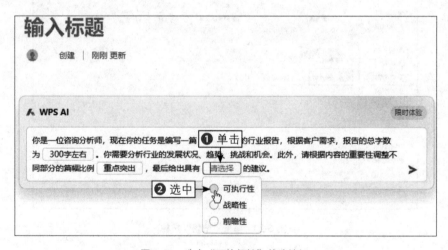

图 6-26 选中"可执行性"单选按钮

步骤 08 按【Enter】键发送，稍等片刻，即可生成AI绘画行业发展报告，效果如图6-27所示。

步骤 09 单击"完成"按钮，即可自动将生成的内容填入智能文档中，单击鼠标右键，在弹出的快捷菜单中，选择"复制"命令，如图6-28所示。

步骤 10 新建一个WPS文档，在空白位置单击鼠标右键，在弹出的快捷菜单中单击"粘贴"按钮，如图6-29所示。

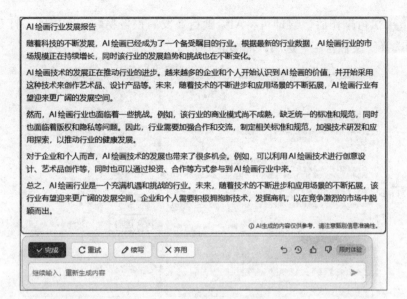

图 6-27 生成 AI 绘画行业发展报告

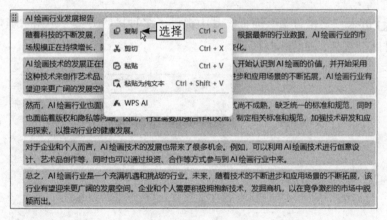

图 6-28 选择"复制"命令

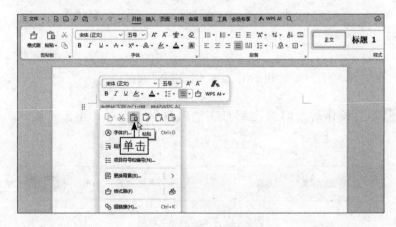

图 6-29 单击"粘贴"按钮

步骤11 执行操作后，❶即可将AI绘画行业发展报告粘贴到文档中；打开WPS AI面板，❷选择"文档排版"选项，如图6-30所示。

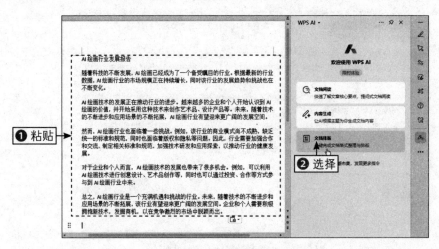

图 6-30　选择"文档排版"选项

步骤12 进入"文档排版"面板，其中提供了多种排版方案，单击"通用文档"中的"开始排版"按钮，如图6-31所示。

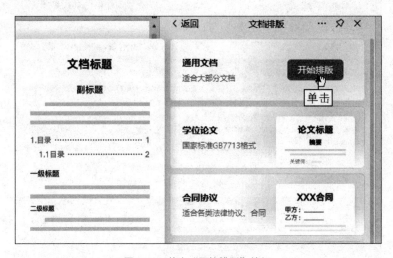

图 6-31　单击"开始排版"按钮

步骤13 执行操作后，即可让AI对文档内容自动排版，单击"确认"按钮，如图6-32所示。

图 6-32　单击"确认"按钮

步骤14 查看最终排版效果，如图6-33所示。

AI 绘画行业发展报告

随着科技的不断发展，AI绘画已经成为了一个备受瞩目的行业。根据最新的行业数据，AI绘画行业的市场规模正在持续增长，同时该行业的发展趋势和挑战也在不断变化。

AI绘画技术的发展正在推动行业的进步。越来越多的企业和个人开始认识到 AI绘画的价值，并开始采用这种技术来创作艺术品、设计产品等。未来，随着技术的不断进步和应用场景的不断拓展，AI绘画行业有望迎来更广阔的发展空间。

然而，AI绘画行业也面临着一些挑战。例如，该行业的商业模式尚不成熟，缺乏统一的标准和规范，同时也面临着版权和隐私等问题。因此，行业需要加强合作和交流，制定相关标准和规范，加强技术研发和应用探索，以推动行业的健康发展。

对于企业和个人而言，AI绘画技术的发展也带来了很多机会。例如，可以利用 AI绘画技术进行创意设计、艺术品创作等，同时也可以通过投资、合作等方式参与到 AI绘画行业中来。

总之，AI绘画行业是一个充满机遇和挑战的行业。未来，随着技术的不断进步和应用场景的不断拓展，该行业有望迎来更广阔的发展空间。企业和个人需要积极拥抱新技术，发掘商机，以在竞争激烈的市场中脱颖而出。

图 6-33　查看最终排版效果

6.2　获取AI表格模板

AI表格模板可以根据用户的需求自动进行数据填充、计算和整理，减少手动操作的时间和误差。AI表格模板还具备智能分析功能，可以根据表格中的数据自动进行趋势预测、异常检测等操作，帮助用户更好地理解数据。用户还可以根据自己的需求自定义AI表格模板，包括表格结构、公式、条件格式等，以满足个性化的需求。

总之，在WPS中使用AI表格模板可以大大提高工作效率和数据分析能力，是现代办公不可或缺的利器。

6.2.1　获取"学生成绩单"模板

在WPS中使用AI表格模板中的"学生成绩单"模板，无须从头开始创建表格，只需打开模板，填写必要的信息，即可快速生成一个规范、全面的学生成绩表格。这个模板不仅包括学生基本信息，如姓名、学号、电话等，还包含各科成绩的录入列，以及计算平均分、排名等常用公式。下面介绍获取"学生成绩单"模板具体的操作方法。

扫码看教学视频

步骤01 在WPS首页，单击"新建"|"智能表格"按钮，进入"新建智能表格"界面，单击"AI模板"缩略图，如图6-34所示。

步骤02 弹出"AI模板"对话框，用户可以在下方的输入框中输入模板主题，也可以选择AI推荐的模板主题，这里选择"学生成绩单"模板主题，如图6-35所示。

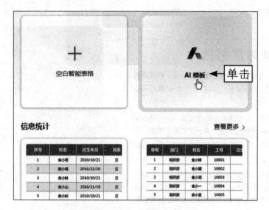

图 6-34　单击"AI 模板"缩略图

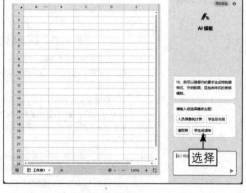

图 6-35　选择"学生成绩单"模板主题

步骤03 执行操作后，即可生成学生成绩单表格列，用户可以根据需要添加列或删除列，单击"确定"按钮，如图6-36所示。

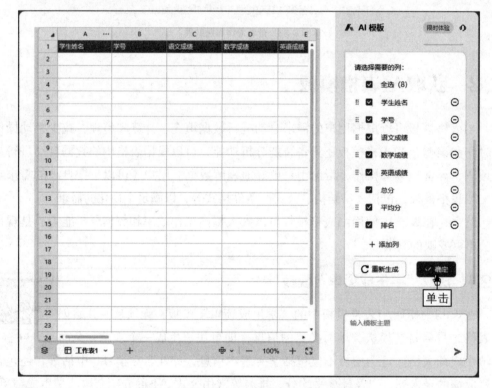

图 6-36　单击"确定"按钮

步骤04 稍等片刻，AI即可根据表格列生成模板，如图6-37所示。

步骤05 此处可以在左侧的工作表中，❶修改学生姓名、学号、语文成绩、数学成绩和英语成绩等，工作表会自动计算总分、平均分和排名等数据；❷单击"立即使用"按钮，如图6-38所示。

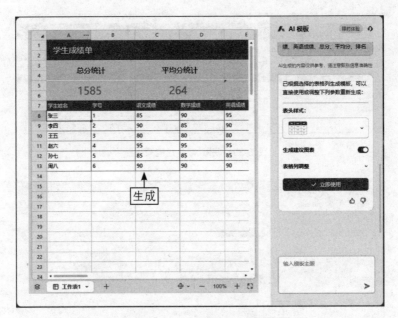

图 6-37　AI 根据表格列生成模板

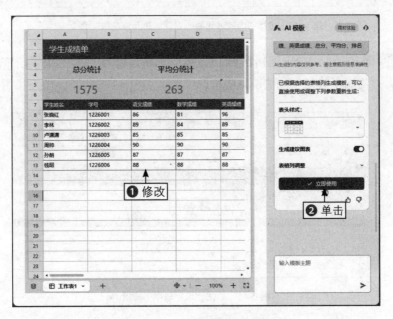

图 6-38　单击"立即使用"按钮

步骤 06 稍等片刻，即可获取AI生成的模板，如图6-39所示。其中，E3:X6单元格区域中的内容为重复且无用的内容，可以将其删除。

步骤 07 ❶选择E3:X6单元格区域；单击鼠标右键，❷在弹出的快捷菜单中选择"删除"|"删除单元格，右侧的单元格左移"命令，如图6-40所示。

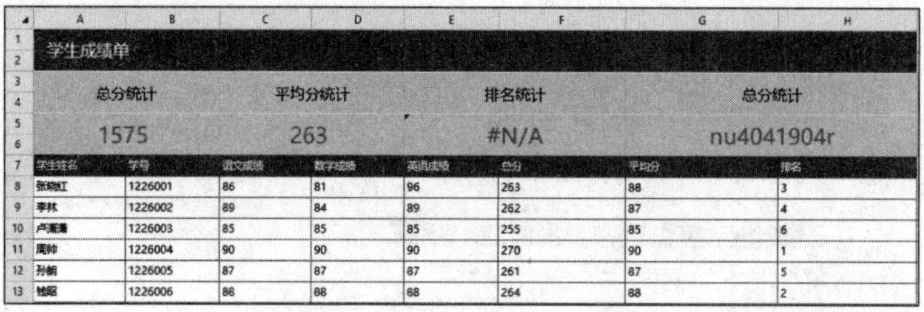

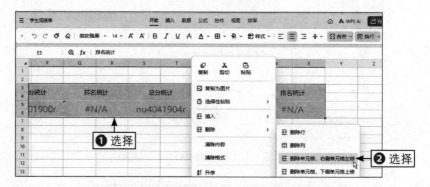

图 6-39　获取 AI 生成的模板

图 6-40　选择"删除单元格，右侧的单元格左移"命令

步骤08 ❶选择A1:H2单元格区域，合并单元格；❷在功能区中单击"水平居中"按钮三，将表头居中显示，如图6-41所示。

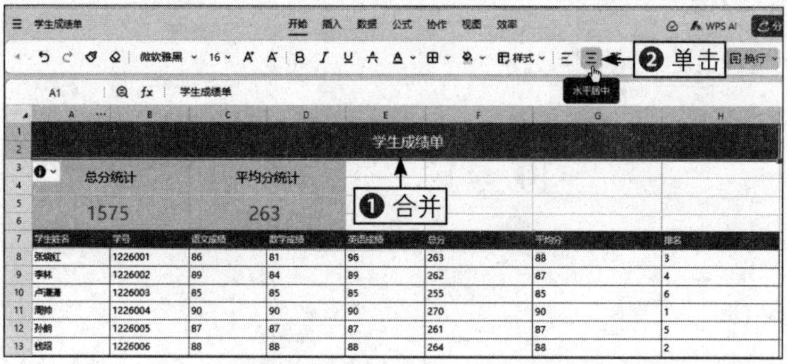

图 6-41　单击"水平居中"按钮

6.2.2　获取"人员信息统计表"模板

在WPS中，"人员信息统计表"模板中预设了各种信息录入位置，如姓名、性别和职位等，用户只需要根据实际情况填写相应内容，即可提高数据录入的效率和准确性。还可以利用内置的分析工具对数据进行处理，从而轻松得出人员信息数据。下面介绍获取"人员信息统计表"模板的操作方法。

扫码看教学视频

步骤01 在WPS首页，单击"新建"|"智能表格"按钮，进入"新建智能表格"界面，在"信息统计"选项区域，选择"人员信息统计表"模板，如图6-42所示。

步骤02 弹出"人员信息统计表"对话框，其中显示了模板内容，用户可以直接在此处修改表格中的内容，也可以单击"使用模板"按钮，如图6-43所示。

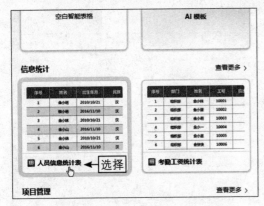

图6-42 选择"人员信息统计表"模板

图6-43 单击"使用模板"按钮

步骤03 稍等片刻，即可获取人员信息统计表，部分内容如图6-44所示。用户可以在获取模板后再将表格数据修改成自己需要的数据内容。

图6-44 获取人员信息统计表（部分内容）

6.2.3 获取"工作计划管理"模板

在WPS中，通过"工作计划管理"模板，用户可以方便地创建、编辑和跟踪各种工作计划，这对团队管理和个人时间管理都非常重要。这个模板通常会提供预设的日程安排、任务列表、里程碑等元素，方便用户快速整理工作信息。下面介绍获取"工作计划管理"模板的操作方法。

扫码看教学视频

步骤01 在WPS首页，单击"新建"|"智能表格"按钮，进入"新建智能表格"

界面，在"工作规划"选项区域，选择"工作计划管理"模板，如图6-45所示。

步骤02 弹出"工作计划管理"对话框，其中显示了工作内容、所属任务、开始时间、完成时间及进展状态等模板内容，还提供了"计划甘特图"工作表、"优先级看板"工作表、"进展看板"工作表及"项目成员"工作表等，用户可以直接在此处修改表格中的内容，也可以单击"使用模板"按钮，如图6-46所示。

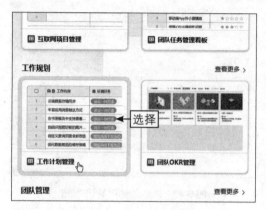

图 6-45　选择"工作计划管理"模板

图 6-46　单击"使用模板"按钮

步骤03 稍等片刻，即可获取工作计划管理表，如图6-47所示。

图 6-47　获取工作计划管理表

步骤04 在该工作表的序号列中，❶单击显示的"展开记录"按钮 ；❷即可弹出该工作内容的详情面板，在"详情"选项卡中显示了该工作内容的详细数据，如图6-48所示。

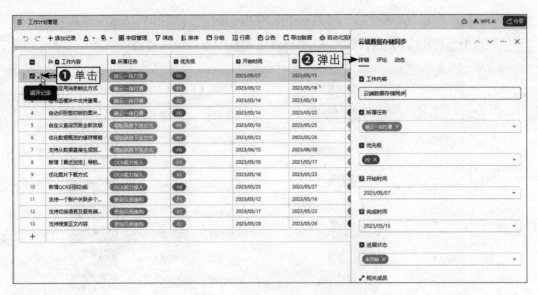

图 6-48 弹出相应面板并显示工作详情

步骤 05 在"所属任务"列中，单击单元格中的下拉按钮，如图6-49所示，可以在弹出的下拉列表中选择相应的任务选项，还可以在搜索框中查找或添加任务选项。用同样的方法，单击"优先级"列单元格中的下拉按钮，可以在弹出的下拉列表中选择P0、P1和P2三个级别选项。

步骤 06 选择"开始时间"列或"完成时间"列单元格，则会弹出日历，以供用户选择时间，如图6-50所示。

图 6-49 单击"所属任务"列单元格中的下拉按钮

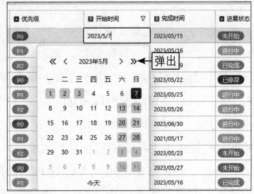

图 6-50 弹出日历

★ 专 家 提 醒 ★

用户还可以单击表格下方的"添加记录"按钮＋，添加工作计划；如果需要删除工作计划，可以在选择的工作计划上单击鼠标右键，在弹出的快捷菜单中选择"删除记录"命令即可。

步骤07 单击"进展状态"列单元格中的下拉按钮，如图6-51所示，可以在弹出的下拉列表中选择相应的进展状态，还可以在搜索框中查找或添加进展状态。

图 6-51　单击"进展状态"列单元格中的下拉按钮

★ 专家提醒 ★

工作表中还有更多功能待使用、待开发，大家可以探索和学习，多实战运用，可以更好地掌握 WPS AI 功能，以实现更高效的工作。

6.3　使用智能表单模板

扫码看教学视频

WPS中的智能表单模板能够快速生成各个领域、各式各样的表单，例如"考勤打卡"类、"教育培训"类、"调研问卷"类、"作业收集"类及"求职招聘"类等，这对需要快速收集大量信息或者进行调研的场景非常有用。

用户只需要使用模板即可创建需要的表单，将创建的表单通过二维码、链接、微信及QQ等方式分享给其他同事、调查人员、研究人员及学生等人填写表单关键信息即可，大大提高了表单的创建与填写效率。

例如，在WPS中使用"考勤打卡"类表单模板，用户可以选择WPS预设的"员工考勤打卡上报"表单模板、"员工考勤统计"表单模板、"员工考勤补打卡申请"表单模板等，快速创建考勤表单，省去手动创建表格的时间，提高工作效率。下面以使用"考勤打卡"类模板为例，介绍智能表单模板的使用方法。

步骤01 在WPS首页，单击"新建"|"智能表单"按钮，如图6-52所示。

步骤02 进入"新建智能表单"界面，选择"考勤打卡"模板类型，如图6-53所示。

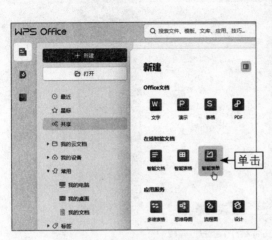

图 6-52　单击"智能表单"按钮

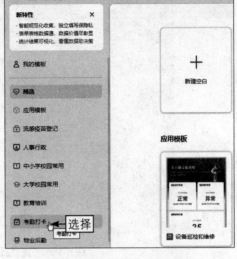

图 6-53　选择"考勤打卡"选项

步骤**03** 进入"考勤打卡"界面，在"员工考勤打卡上报"模板上，单击"预览"按钮，如图6-54所示。如果想直接套用模板，也可以直接单击"立即使用"按钮。

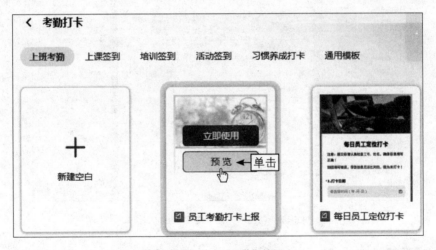

图 6-54　单击"预览"按钮

步骤**04** 执行操作后，即可预览"员工考勤打卡上报"模板，如图6-55所示。模板中已经创建了工号、打卡员工和打卡类型等表单项目。

步骤**05** 单击"使用该模板创建"按钮，即可使用模板创建"员工考勤打卡上报"表单，如图6-56所示。在界面左边为表单"题型"和"题库"选项卡，用户可以根据需要在表单中添加题型；界面中间为表单编辑区，如果有添加的题型，将会显示在中间，用户可以编辑题目；界面右边为"全局题目设置"面板，在其中可以设置题目，例如设置题目为必填、字数限制为20个字等。

151

图 6-55 预览"员工考勤打卡上报"模板

图 6-56 创建"员工考勤打卡上报"表单

步骤06 ❶选择第2题，此处需要准备好公司员工信息工作表，以便关联员工信息数据；在"全局题目设置"面板中，❷单击"关联表格"右侧的"未设置"按钮，如图6-57所示。

步骤07 弹出"关联表格数据"面板，单击"上传本地表格"按钮，如图6-58所示。用户也可以单击"使用示例表格"按钮，关联WPS提供的虚拟数据进行体验。

步骤08 执行操作后，上传准备好的员工信息工作表，即可关联表格数据，设置"选数据时显示哪几列"为"A列|工号"、"选择方式"为"下拉选择"、"选完后自动填充哪几列"为"B列|姓名"，如图6-59所示，表示在下拉列表中选择工号后，会自动填

充姓名。

图 6-57　单击"未设置"按钮

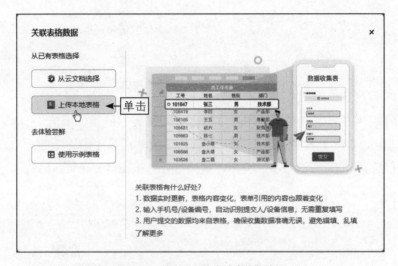

图 6-58　单击"上传本地表格"按钮

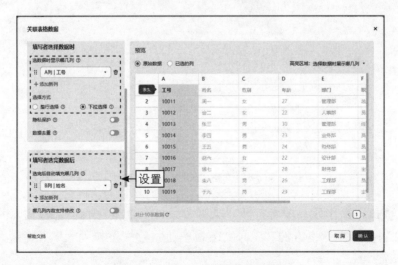

图 6-59　对关联的表格数据进行设置

步骤09 单击"确认"按钮，返回表单"编辑"界面，单击界面右上角的"发布并
分享"按钮，如图6-60所示。

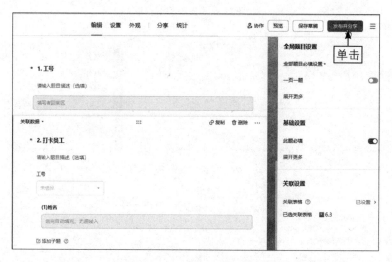

图 6-60 单击"发布并分享"按钮

步骤10 进入"分享"界面，用户可以通过二维码、链接、微信、QQ及公众号等方式，将制作的"员工考勤打卡上报"表单分享给公司员工填表上报。在分享之前，用户也可以自己先填写测试一下，单击"直接打开"按钮🔗，如图6-61所示。

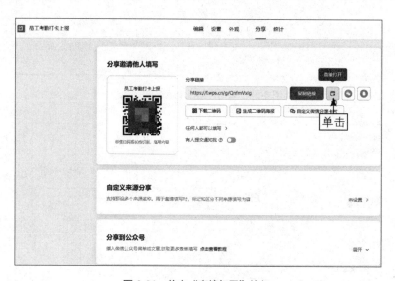

图 6-61 单击"直接打开"按钮

步骤11 执行操作后，即可打开"员工考勤打卡上报"表单，❶输入一个工号；❷单击"2.打卡员工"下方的"工号"下拉按钮；❸在下拉列表中选择同一个工号，如图6-62所示。

步骤12 执行操作后，即可在下方自动填入工号对应的员工姓名，❶在"3.打卡类型"下方选中"上班"单选按钮，即可填完表单；❷单击"提交"按钮，如图6-63所示。

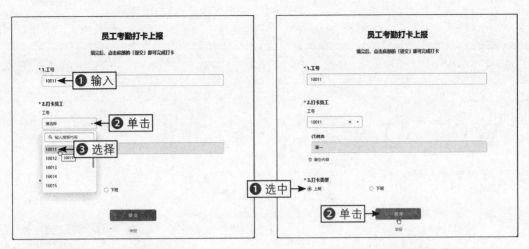

图 6-62　选择同一个工号　　　　　　　图 6-63　单击"提交"按钮

步骤13 弹出"温馨提示"对话框，单击"确认"按钮，如图6-64所示。

图 6-64　单击"确认"按钮

步骤14 切换至"统计"界面，可以在其中查看表单收集的数据，如图6-65所示。

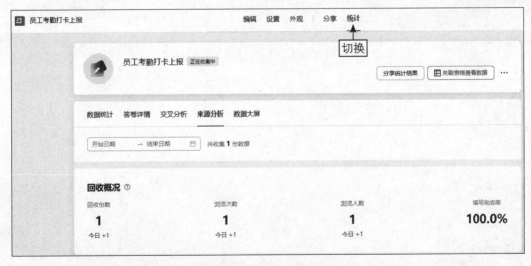

图 6-65　查看表单收集的数据

第 7 章
WPS AI 手机版：移动办公更轻松

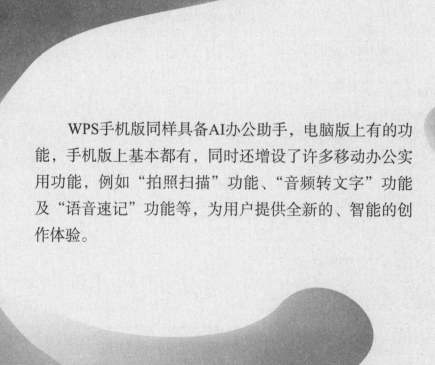

WPS手机版同样具备AI办公助手，电脑版上有的功能，手机版上基本都有，同时还增设了许多移动办公实用功能，例如"拍照扫描"功能、"音频转文字"功能及"语音速记"功能等，为用户提供全新的、智能的创作体验。

7.1 8大实用功能

WPS手机版为用户提供了文档处理、表格数据处理、PDF图像处理、PPT制作、论文查重、智能语音识别及智能图像识别等技术服务，使用户可以随时随地都能轻松处理工作任务，为移动办公带来了极大的便利。

本节将在WPS手机版中挑选8个比较常用的、实用的功能，向大家介绍这些功能的操作方法，具体包括"语音速记"功能、"拍照扫描"功能、"一键出图"功能、"音频转文字"功能、"图片提取文字"功能、"论文助手"功能、"超级PPT"功能及"语音输入"功能。

7.1.1 使用"语音速记"自动成文

扫码看教学视频

"语音速记"功能允许用户通过语音输入来快速记录笔记或会议内容。用户只需开启语音速记并说出想要记录的内容，WPS手机版即可自动将其转化为文字，大大提高了记录的效率。下面介绍具体的操作。

步骤 01 打开WPS Office App，在"首页"界面点击➕按钮，如图7-1所示。

步骤 02 弹出相应的面板，点击"语音速记"按钮，如图7-2所示。

步骤 03 进入"语音速记"界面，点击🎤按钮，如图7-3所示。

图 7-1 点击➕按钮　　　图 7-2 点击"语音速记"按钮　　　图 7-3 点击🎤按钮

步骤 04 弹出"录音设置"面板，点击"开始录音"按钮，如图7-4所示。

步骤 05 进入录音界面，开始自动录音并同步转写文字，如图7-5所示。

步骤 06 点击"完成录制"按钮停止录制，点击右上角的✐按钮，如图7-6所示。

图7-4　点击"开始录音"按钮

图7-5　自动录音并同步转写文字

图7-6　点击右上角的⌀按钮

步骤 07 执行操作后，即可修改文字内容，如图7-7所示。

步骤 08 点击标题，弹出"重命名"对话框，修改标题名称，如图7-8所示。

步骤 09 点击"确定"按钮和"完成"按钮，完成修改，❶点击右上角的⬆按钮；❷在弹出的面板中选择"导出文字"选项，即可将文字内容导出为Word文档；❸选择"导出音频"选项，即可将音频导出保存在手机中，如图7-9所示。

图7-7　修改文字内容

图7-8　修改标题名称

图7-9　选择相应的选项

7.1.2 使用"拍照扫描"提取文字

扫码看教学视频

"拍照扫描"功能允许用户通过拍摄照片进行扫描，支持文件扫描、图片转表格、图片转Word、AI拍照问答、提取文字、扫描证件、去除字迹、拍书籍、图片翻译及弯曲矫正等用法。下面以提取文字为例，介绍"拍照扫描"功能的操作方法。

步骤 01 打开WPS Office App，在"首页"界面点击⊕按钮，弹出相应的面板，点击"拍照扫描"按钮，如图7-10所示。

步骤 02 进入拍摄界面，❶切换至"提取文字"用法；❷点击◯按钮，对需要提取文字内容的文件进行拍照；❸点击右下角拍摄的图片缩略图，如图7-11所示。

步骤 03 执行操作后，即可预览拍摄到的图片，点击"开始识别"按钮，如图7-12所示。

图 7-10 点击"拍照扫描"按钮　　图 7-11 点击图片缩略图　　图 7-12 点击"开始识别"按钮

步骤 04 稍等片刻，即可识别图片并提取文字，点击"导出为Word"按钮，如图7-13所示。

步骤 05 执行操作后，即可将提取到的文字转为Word文档，可以看到提取的文字无误，但标点符号有错误，点击"编辑"按钮，如图7-14所示。

步骤 06 进入编辑模式，对错误内容进行修改，并进行换行排版，效果如图7-15所示。点击🖫按钮，可以保存编辑后的文档内容，同时将文档同步至云空间进行备份，这样在电脑上登录同一个账号后，也可以同步编辑文档内容；点击"完成"按钮，即可退出文档编辑模式，完成操作。

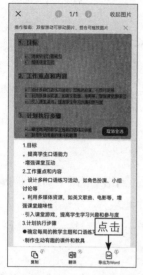

图 7-13　点击"导出为 Word"按钮　　　图 7-14　点击"编辑"按钮　　　图 7-15　修改错误并排版

7.1.3　使用"一键出图"文字成图

"一键出图"是一个非常实用的功能，尤其适用于需要将文字转换为图片的用户。通过这个功能，用户可以将选定的文字或整个文档转换为图片格式，从而方便地分享或打印。下面介绍使用"一键出图"文字成图的操作方法。

扫码看教学视频

步骤01 打开WPS Office App，在"首页"界面点击●按钮，弹出相应的面板，点击"一键出图"按钮，如图7-16所示。

步骤02 进入"一键出图"界面，点击"新建空白"按钮，如图7-17所示。

图 7-16　点击"一键出图"按钮　　　　　图 7-17　点击相应的按钮

步骤 03 弹出相应的面板，选择"导入文档"选项，如图7-18所示。

步骤 04 进入"选择文档"界面，选中相应文档复选框，如图7-19所示。

图 7-18　选择"导入文档"选项

图 7-19　选中文档复选框

步骤 05 点击"确定（1）"按钮，即可导入文档内容，点击"预览图片"按钮，如图7-20所示。

步骤 06 进入图片预览界面，❶选择一个背景模板；❷点击"导出设计"按钮，如图7-21所示。将图片导出后，可以下载保存，也可以分享到微信或QQ等平台。

图 7-20　点击"预览图片"按钮

图 7-21　点击"导出设计"按钮

7.1.4 使用"音频转文字"识别语音

扫码看教学视频

"音频转文字"功能能够将录音或语音转换为文字，这对那些需要将长篇录音转化为文本的人来说非常有用，可以大大提高转录的效率和准确性。下面以录制的一段天气资讯音频为例，介绍使用"音频转文字"识别语音的操作方法。

步骤01 打开WPS Office App，在"服务"界面点击"音频转文字"卡片，如图7-22所示。

步骤02 进入"音频转文字"界面，点击"选择文件"按钮，如图7-23所示。

图 7-22 点击"音频转文字"卡片　　　　图 7-23 点击"选择文件"按钮

步骤03 进入"导入要转写的音频"界面，选择一段音频，如图7-24所示。

步骤04 进入"音频转文字"界面，点击"开始转写"按钮，如图7-25所示。

图 7-24 选择一段音频　　　　图 7-25 点击"开始转写"按钮

步骤05 执行操作后，弹出"转写时长确认"面板，点击"立即转写"按钮，如图7-26所示。

步骤06 稍等片刻，即可完成音频转写文字。打开转写的文档，检查转写内容是否有误，如图7-27所示。

图 7-26 点击"立即转写"按钮

图 7-27 检查转写内容

7.1.5 使用"图片提取文字"转换文档

"图片提取文字"是一个强大的功能，允许用户从图片中提取文字，即使原始文字是图片格式的，WPS手机版也可以将其识别并转化为可编辑的

扫码看教学视频

文档，这为用户提供了一种快速、准确的方式来处理和编辑图片中的文字。下面介绍使用"图片提取文字"转换文档的操作方法。

步骤01 进入WPS Office App的"服务"界面，在"图片处理"选项区域，点击"图片提取文字"按钮，如图7-28所示。

步骤02 进入"图片提取文字"界面，点击"选择图片"按钮，如图7-29所示。

步骤03 弹出"选择图片"面板，选择"系统相册"选项，如图7-30所示。

图 7-28 点击"图片提取文字"按钮

图 7-29 点击"选择图片"按钮

步骤04 执行操作后，选择一张需要提取文字的图片，进入预览界面，点击"开始识别"按钮，如图7-31所示。

图 7-30　选择相应的选项

图 7-31　点击"开始识别"按钮

步骤05 执行操作后，即可识别文字，点击"导出为Word"按钮，如图7-32所示。

步骤06 稍等片刻，即可生成Word文档，如图7-33所示，在其中可以编辑文字。

图 7-32　点击"导出为 Word"按钮

图 7-33　生成文档

7.1.6　使用"论文助手"查重降重

"论文助手"是一个专门为撰写论文而设计的工具。它提供了各种论文模板和格式设置选项，可以帮助用户快速创建符合要求的论文框架。

扫码看教学视频

此外，它还提供了一些常用的论文工具，用户只需要进入WPS Office App的"服务"界面，点击"论文助手"卡片，如图7-34所示；进入相应的界面，其中显示了"论文查重""论文降重""论文排版""论文翻译""中文校对""英文校对"等工具，以及论文资源库和参考文献，如图7-35所示，使论文撰写、查重、降重变得更加高效。

图 7-34　点击"论文助手"卡片

图 7-35　WPS 提供的论文工具

7.1.7　使用"超级PPT"轻松创建演示文稿

扫码看教学视频

"超级PPT"功能可以帮助用户更轻松地创建和编辑演示文稿，它提供了丰富的模板和设计工具，使创建的演示文稿更加专业和吸引人，下面介绍具体的操作方法。

步骤01 进入WPS Office App的"服务"界面，在"求职与校园"选项区域，点击"超级PPT"按钮，如图7-36所示。

步骤02 进入"超级PPT"界面，用户可以在此处选择一个主题模板进行套用，也可以选择"新建空白"模板，从零开始创建PPT，这里选择"项目介绍宣讲路演"模板，如图7-37所示。

图 7-36　点击"超级 PPT"
按钮

图 7-37　选择相应的模板

步骤03 进入"项目介绍宣讲路演"预览界面，点击"使用模板编辑"按钮，如图7-38所示。

步骤04 进入"新建PPT"界面，用户可以在此处选择需要修改的幻灯片，修改幻灯片中的页面内容（本例仅用于操作示例，因此不予修改），点击"预览/导出"按钮，如图7-39所示。

步骤05 进入"返回/编辑"界面，用户可以在此处设置PPT的背景，对PPT进行美化操作，点击"导出PPT"按钮，如图7-40所示，即可完成PPT的创建。

图 7-38　点击相应按钮　　　图 7-39　点击"预览/导出"按钮　　　图 7-40　点击"导出 PPT"按钮

7.1.8　使用"语音输入"转写文字

"语音输入"功能非常方便，允许用户通过语音输入来创建和编辑文档。用户只需说出想要输入的内容，WPS手机版即可自动将其转化为文字，省去了手动输入的麻烦和时间，下面介绍具体的操作方法。

扫码看教学视频

步骤01 在WPS Office App的"首页"界面，点击➕按钮，弹出相应的面板，点击"文字"按钮，如图7-41所示。

步骤02 执上述行操作后，即可进入相应的界面，点击"空白文档"按钮，如图7-42所示。

步骤03 创建一个空白文档，在下方的工具栏中，点击"语音输入"按钮🎤，如图7-43所示。

★ 专家提醒 ★

在 WPS 手机版的 Word 文档中，可以左右滑动工具栏，将隐藏的功能滑出来，以便使用。

图 7-41 点击"文字"按钮

图 7-42 点击"空白文档"按钮

图 7-43 点击"语音输入"按钮

步骤 04 弹出"语音输入"面板，点击 ◉ 按钮，如图7-44所示。

步骤 05 执行上述操作后，即可开始录制音频，并将语音对话同步转为文字，如图7-45所示。

步骤 06 点击 ⊕ 按钮，即可停止录音，点击"语音输入"面板左上角的 ∨ 按钮，收起"语音输入"面板，检查语音输入的文字是否正确，如果有错误，可以根据需要修改语音输入的文字和标点符号等，效果如图7-46所示。点击"完成"按钮，即可完成语音输入操作。

图 7-44 点击 ◉ 按钮

图 7-45 录音并转为文字

图 7-46 修改文字和标点符号

7.2 AI高效创作

WPS AI在WPS手机版中同样提供了很多实用的功能，包括智能创建文档、让AI快速写作和阅读理解全文、让AI筛选表格数据、通过拍照扫描向AI提问，以及让AI一键生成PPT等，能够提高用户的生产力和创作力，帮助用户更高效地创作内容，更快速地完成任务。

7.2.1 AI智能创建

WPS手机版为用户提供了"智能创建"功能，只需要用户输入想要创建的文档主题，无论是种草文案还是获奖感言，AI都可以进行创意写作，创建用户想要的主题文档。下面以创建智能音箱种草文案为例，介绍具体的操作方法。

扫码看教学视频

步骤01 在WPS Office App的"首页"界面，点击➕按钮，弹出相应的面板，点击"文字"按钮，进入相应的界面，点击"智能创建"按钮，如图7-47所示。

步骤02 进入"智能创建"界面，在输入框中输入主题"智能音箱种草文案"，如图7-48所示。

步骤03 点击▶按钮，进入"种草文案"模式，填入"商品分类""用户群体""商品描述"信息，如图7-49所示。

图 7-47　点击"智能创建"按钮

图 7-48　输入主题

图 7-49　输入商品信息

步骤04 点击"开始生成"按钮，即可生成种草文案，点击"立即创建"按钮，如图7-50所示。

步骤05 执行操作后，即可创建Word文档，并插入生成的种草文案，点击"完成"按钮，如图7-51所示，即可完成操作。

图 7-50　点击"立即创建"按钮

图 7-51　点击"完成"按钮

7.2.2　AI帮我写作

扫码看教学视频

WPS手机版提供了AI文档写作功能，可以帮助用户快速生成高质量的文本内容。用户只需输入关键词或主题，WPS AI即可自动生成符合要求的文章或段落，大大提高写作效率。下面介绍具体的操作。

步骤 01 创建一个空白文档，在下方的工具栏中点击WPS AI按钮💫，如图7-52所示。

步骤 02 弹出WPS AI面板，在"写作"选项卡中，点击"写点什么"按钮，如图7-53所示。

图 7-52　点击 WPS AI 按钮

图 7-53　点击"写点什么"按钮

步骤 03 进入"写点什么"模式，输入主题"如何抢占新风口，赚取第1桶金"，如图7-54所示。

★ 专家提醒 ★

在WPS AI面板的"写作"选项卡中，为用户提供了"演讲稿""心得体会""通知""申请""会议纪要""大纲""请假条""报告""头脑风暴"等多个写作模式，用户可以根据需要进行选用，也可以直接通过"写点什么"模式让AI生成需要的内容。

步骤 04 点击"发送"按钮，即可生成与主题相关的内容，如图7-55所示。如果对生成的内容不满意可以弃用或重新生成。

步骤 05 点击"插入"按钮，即可将AI生成的内容插入到文档中，如图7-56所示。

图 7-54　输入主题

图 7-55　生成与主题相关的内容

图 7-56　插入 AI 生成的内容

7.2.3　AI帮我阅读

扫码看教学视频

WPS手机版提供了AI文档阅读功能，可以对全文进行阅读理解、翻译、概括和总结要点信息等，方便用户在移动办公时，提高阅读体验。下面介绍具体的操作。

步骤 01 在WPS Office App的"首页"界面，选择一个文档，如图7-57所示。

步骤 02 进入文档阅读界面，需要分析全文，点击WPS AI按钮，如图7-58所示。

步骤 03 弹出WPS AI面板，在"阅读"选项卡中，选择"全文问答"选项，如图7-59所示。

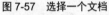

图 7-57　选择一个文档

图 7-58　点击 WPS AI 按钮

图 7-59　选择"全文问答"选项

步骤 04 执行操作后，弹出输入框，在输入框中可以输入需要向AI提出的问题，也可以选择输入框上方推荐的问题，这里选择"分析全文"选项，如图7-60所示。

步骤 05 稍等片刻，AI即可分析全文并生成结论，效果如图7-61所示。

图 7-60　选择"分析全文"选项

图 7-61　AI 生成的结论

7.2.4　AI数据筛选

扫码看教学视频

WPS手机版提供了AI表格数据筛选功能，可以根据用户的需求，自动筛选并整理表格中的数据，方便用户快速获取所需信息。下面介绍具体的操作。

步骤 01 在WPS Office App的"首页"界面，选择一个工作表，如图7-62所示。

步骤 02 进入相应的界面，需要将入库数量大于5000、库存数量小于500的产品筛选出来，点击WPS AI按钮，如图7-63所示。

步骤 03 弹出WPS AI面板，选择"筛选"选项，如图7-64所示。

图 7-62　选择一个工作表　　　　图 7-63　点击 WPS AI 按钮　　　　图 7-64　选择"筛选"选项

步骤 04 弹出"AI筛选"面板，在输入框中输入指令"将入库数量大于5000，且库存数量小于500的产品数据筛选出来"，如图7-65所示。

步骤 05 单击▶按钮发送指令，稍等片刻，AI即可开始扫描表格数据并与用户确认筛选的数据和条件，点击"确认"按钮，如图7-66所示。

步骤 06 执行操作后，AI即可根据条件筛选表格数据，效果如图7-67所示。

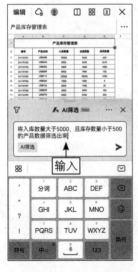

图 7-65　输入指令　　　　图 7-66　点击"确认"按钮　　　　图 7-67　AI 筛选数据效果

7.2.5 AI拍照问答

扫码看教学视频

使用WPS手机版中的"拍照扫描"功能，可以识别用户拍摄的照片中的文字，并且可以向AI进行提问，AI会根据扫描到的信息回答用户的问题或提供相关信息。下面介绍具体的操作。

步骤01 打开WPS Office App，在"首页"界面点击➕按钮，弹出相应的面板，点击"拍照扫描"按钮，进入拍摄界面，❶切换至"AI拍照问答"用法；❷点击◯按钮进行拍照；❸点击"下一步"按钮，如图7-68所示。

步骤02 预览拍摄到的图片，点击"AI问答"按钮，如图7-69所示。

步骤03 弹出WPS AI面板，在输入框中输入问题"一共放假几天？"如图7-70所示。

步骤04 单击➤按钮发送，AI即可根据图片内容进行回答，效果如图7-71所示。

图7-68　点击"下一步"
按钮

图7-69　点击"AI问答"
按钮

图 7-70　输入问题

图 7-71　AI 的回答

7.2.6 AI生成PPT

扫码看教学视频

WPS手机版也提供了AI一键生成PPT功能，用户只需要输入PPT主题，即可让AI自动生成PPT，让用户可以省时省力。下面介绍具体的操作。

步骤01 在WPS Office App的"首页"界面，点击●按钮，弹出相应的面板，点击"演示"按钮，如图7-72所示。

步骤02 进入相应的界面，点击"一键生成"按钮，如图7-73所示。

步骤03 进入"一键生成"界面，输入PPT主题或大纲，❶这里输入的是PPT主题；❷点击"简短"按钮，设置AI生成PPT的篇幅；❸点击"立即生成"按钮，如图7-74所示。

步骤04 AI开始生成PPT大纲，点击"立即创建"按钮，如图7-75所示。

图 7-72 点击"演示"按钮

图 7-73 点击"一键生成"按钮

步骤05 稍等片刻，即可创建一个PPT，效果如图7-76所示，如果用户不喜欢PPT的主题样式，可以点击"一键美化"按钮，更换PPT的主题样式。最后，点击"完成"按钮，即可完成PPT的创建操作。

图 7-74 点击"立即生成"按钮

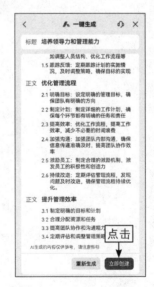

图 7-75 点击"立即创建"按钮

图 7-76 AI 创建的 PPT 效果

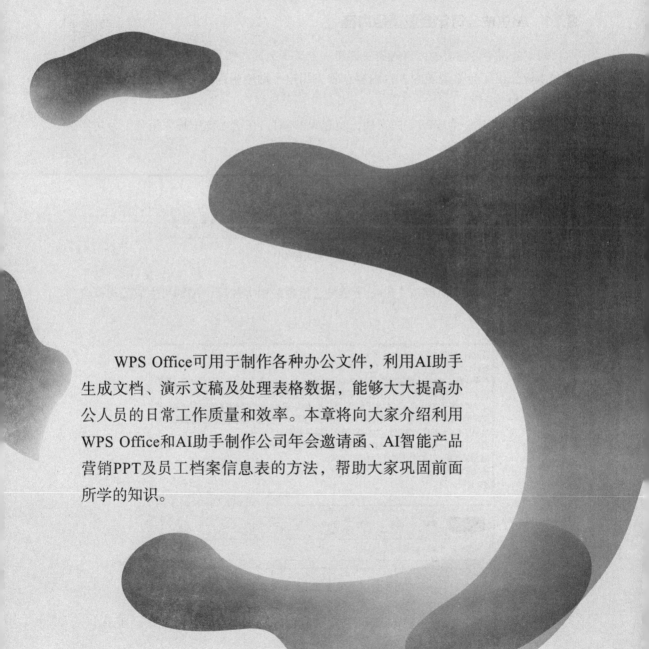

第8章

AI 实战案例：WPS 高效办公

WPS Office可用于制作各种办公文件，利用AI助手生成文档、演示文稿及处理表格数据，能够大大提高办公人员的日常工作质量和效率。本章将向大家介绍利用WPS Office和AI助手制作公司年会邀请函、AI智能产品营销PPT及员工档案信息表的方法，帮助大家巩固前面所学的知识。

8.1 AI文档：制作公司年会邀请函

年会邀请函是企业举办年会时，对公司内部人员、加盟商及一些合作企业所发出的请约性书信，多为年终大型活动晚会。年会的主要目的在于答谢客户、激励员工，营造良好的企业氛围和企业文化，增强员工之间的沟通和交流，让员工深刻明白企业下一年度的战略目标和工作重点，共同奋进，共创美好未来。

8.1.1 AI生成公司年会邀请函内容

制作公司年会邀请函，首先需要创建一个文字文档，然后唤起WPS AI，让AI生成公司年会邀请函的大致内容，省去用户手动编辑内容的时间。下面介绍具体的操作。

扫码看教学视频

步骤01 新建一个WPS空白文档，唤起WPS AI，在输入框中输入指令"公司年会邀请函"，如图8-1所示。

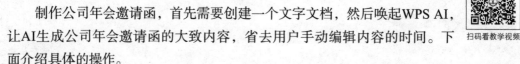

图 8-1 输入指令

步骤02 单击▶按钮或按【Enter】键发送指令，稍等片刻，AI即可生成公司年会邀请函内容，如图8-2所示。

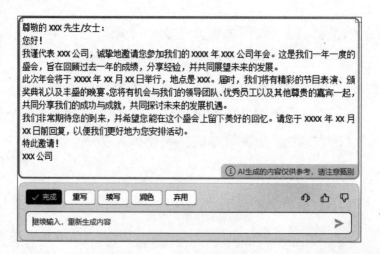

图 8-2 AI生成公司年会邀请函内容

步骤03 单击"完成"按钮，即可将生成的内容插入到文档中，如图8-3所示。

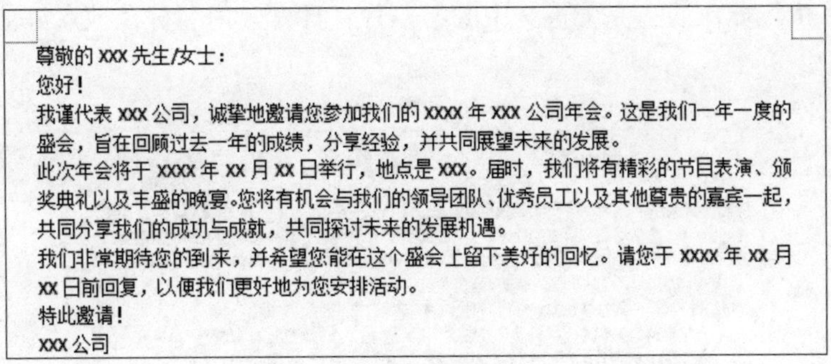

尊敬的xxx先生/女士：

您好！

我谨代表xxx公司，诚挚地邀请您参加我们的xxxx年xxx公司年会。这是我们一年一度的盛会，旨在回顾过去一年的成绩，分享经验，并共同展望未来的发展。

此次年会将于xxxx年xx月xx日举行，地点是xxx。届时，我们将有精彩的节目表演、颁奖典礼以及丰盛的晚宴。您将有机会与我们的领导团队、优秀员工以及其他尊贵的嘉宾一起，共同分享我们的成功与成就，共同探讨未来的发展机遇。

我们非常期待您的到来，并希望您能在这个盛会上留下美好的回忆。请您于xxxx年xx月xx日前回复，以便我们更好地为您安排活动。

特此邀请！

xxx公司

图 8-3　将生成的内容插入到文档中

8.1.2　完善邀请函中的内容

扫码看教学视频

生成邀请函的大致内容后，需要对内容进行完善，将"XXX"修改为对应的年、月、日、公司名称及地点等信息。下面介绍具体的操作。

步骤01 选择第1个"XXX"，将其改为8个空格，如图8-4所示。

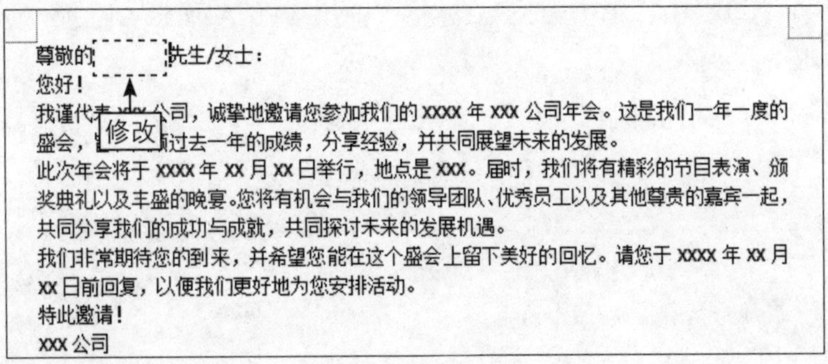

尊敬的　　　　　　　　先生/女士：

您好！

我谨代表xxx公司，诚挚地邀请您参加我们的xxxx年xxx公司年会。这是我们一年一度的

盛会，旨在回顾过去一年的成绩，分享经验，并共同展望未来的发展。 修改

此次年会将于xxxx年xx月xx日举行，地点是xxx。届时，我们将有精彩的节目表演、颁奖典礼以及丰盛的晚宴。您将有机会与我们的领导团队、优秀员工以及其他尊贵的嘉宾一起，共同分享我们的成功与成就，共同探讨未来的发展机遇。

我们非常期待您的到来，并希望您能在这个盛会上留下美好的回忆。请您于xxxx年xx月xx日前回复，以便我们更好地为您安排活动。

特此邀请！

xxx公司

图 8-4　改为 8 个空格

步骤02 ❶选择输入的空格；❷在显示的悬浮面板中单击"下画线"按钮U，制作横线填空效果，如图8-5所示。

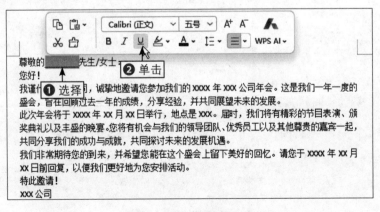

图 8-5　单击"下画线"按钮

步骤 03 执行操作后，完善正文中的年、月、日、公司名称及地点等信息，效果如图8-6所示。

图 8-6 完善正文信息

8.1.3 通过AI进行排版

完善邀请函中的内容后，用户可以通过AI进行排版，省去调整行距、段落格式，及字体、字号等繁复的操作过程。下面介绍具体的操作。

扫码看教学视频

步骤 01 在菜单栏中，单击WPS AI标签，弹出WPS AI面板，选择"文档排版"选项，如图8-7所示。

步骤 02 进入"文档排版"面板，单击"行政通知"上的"开始排版"按钮，如图8-8所示。

图 8-7 选择"文档排版"选项

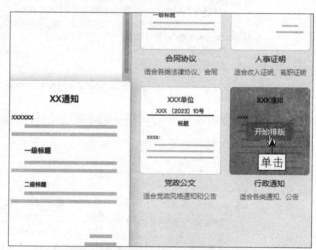

图 8-8 单击"开始排版"按钮

步骤 03 弹出相应的对话框，单击"确认"按钮，如图8-9所示。

图 8-9 单击"确认"按钮

步骤04 执行操作后，即可让AI对邀请函内容进行排版，效果如图8-10所示。

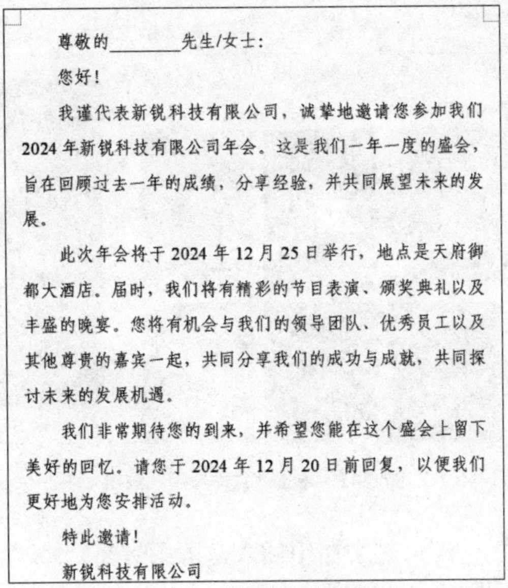

尊敬的_____先生/女士：

您好！

我谨代表新锐科技有限公司，诚挚地邀请您参加我们2024年新锐科技有限公司年会。这是我们一年一度的盛会，旨在回顾过去一年的成绩，分享经验，并共同展望未来的发展。

此次年会将于2024年12月25日举行，地点是天府御都大酒店。届时，我们将有精彩的节目表演、颁奖典礼以及丰盛的晚宴。您将有机会与我们的领导团队、优秀员工以及其他尊贵的嘉宾一起，共同分享我们的成功与成就，共同探讨未来的发展机遇。

我们非常期待您的到来，并希望您能在这个盛会上留下美好的回忆。请您于2024年12月20日前回复，以便我们更好地为您安排活动。

特此邀请！

新锐科技有限公司

图 8-10　AI 排版效果

8.1.4　制作邀请函的封面

扫码看教学视频

接下来需要为邀请函制作一个封面，WPS为用户提供了多种邀请函的样式，用户可以直接调用。下面介绍具体的操作。

步骤01 在"插入"功能区中，❶单击"封面"下拉按钮；❷在弹出的面板中单击"其他"按钮；❸在弹出的下拉列表中选择"邀请函"选项，如图8-11所示。

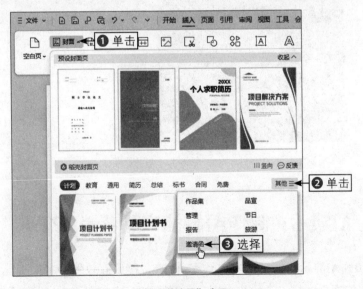

图 8-11　选择"邀请函"选项

步骤02 执行操作后，即可显示多个邀请函样式，单击第3个邀请函样式中的"立即使用"按钮，如图8-12所示。

图 8-12　单击"立即使用"按钮

步骤03 执行操作后，即可在文档中插入邀请函封面，修改封面上的公司、主办方和地址等信息，并更换字体，最终效果如图8-13所示。至此，即可完成公司年会邀请函的制作。

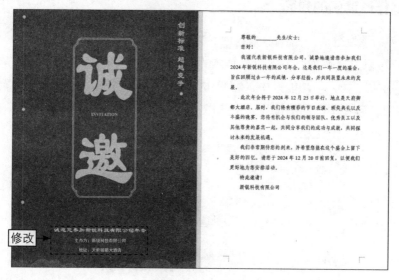

图 8-13　最终效果

8.2　AI演示：制作AI智能产品营销PPT

用WPS AI演示制作AI智能产品营销PPT，能够有效地展示AI智能产品的关键信息，包括AI智能产品的特点和优势。同时，还可以阐述AI智能产品的营销策略和应用场景，使受众能够了解产品的市场定位和营销思路，增加受众对产品的了解和信任度，为产品的推广和销售提供支持。

8.2.1 AI一键生成PPT内容

在WPS的"新建演示文稿"界面中，用户可以通过单击"智能创作"缩略图创建演示文稿，并用AI技术一键生成AI智能产品营销PPT的内容。下面介绍具体的操作。

步骤 01 打开WPS，❶单击"新建"按钮；❷在弹出的"新建"面板中单击"演示"按钮，如图8-14所示。

步骤 02 执行操作后，即可进入"新建演示文稿"界面，单击"智能创作"缩略图，如图8-15所示。

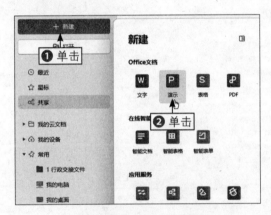
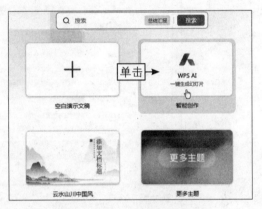

图 8-14 单击"演示"按钮　　　　　　　图 8-15 单击"智能创作"缩略图

步骤 03 新建一个空白的演示文稿，并唤起WPS AI，如图8-16所示。

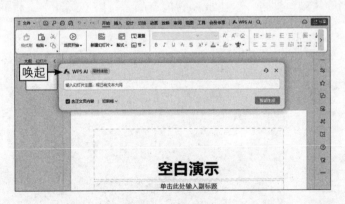

图 8-16 唤起 WPS AI

步骤 04 在输入框中输入幻灯片主题"AI智能产品营销"，如图8-17所示，默认设置幻灯片为短篇幅并含正文页内容。

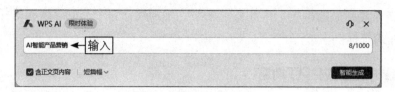

图 8-17　输入幻灯片主题

步骤05 单击"智能生成"按钮，稍等片刻，即可生成封面、目录、章节和正文等内容，单击"立即创建"按钮，如图8-18所示。

图 8-18　单击"立即创建"按钮

步骤06 稍等片刻，即可一键生成AI智能产品营销PPT，部分效果如图8-19所示。

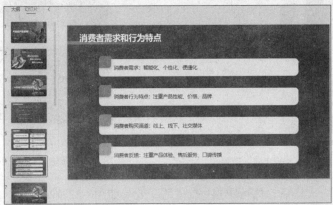

图 8-19　AI 一键生成 AI 智能产品营销 PPT（部分效果）

8.2.2　更换PPT的主题样式

扫码看教学视频

　　AI生成的PPT主题样式有时候不太符合PPT内容，此时用户可以通过与AI对话更换主题，也可以使用WPS推荐的主题进行更换。下面以使用WPS推荐的主题更换AI生成的主题为例，介绍具体的操作方法。

步骤01 在PPT右侧的任务窗格中，单击"更换主题"按钮🔲，如图8-20所示。

步骤02 弹出"更换主题"面板，其中显示了根据PPT内容推荐的科技风主题方案，找到一款合适的主题方案，单击"立即使用"按钮，如图8-21所示。

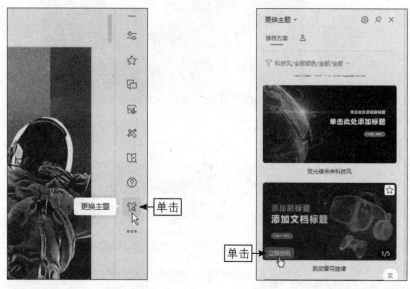

图 8-20　单击"更换主题"按钮　　　　图 8-21　单击"立即使用"按钮

步骤03 执行操作后，即可更换PPT主题，效果如图8-22所示。

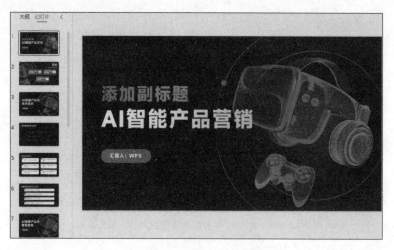

图 8-22　更换 PPT 主题的效果

8.2.3　修改与完善PPT内容

接下来需要修改与完善PPT内容。虽然AI生成的PPT内容是比较完整的，但也有一些数据需要用户根据实际情况去进行手动更新。除此以外，

扫码看教学视频

还有一些多余的文本框和内容也需要进行删除处理。下面介绍具体的操作。

步骤01 在第1页幻灯片中，❶选择"添加副标题"文本框，单击鼠标右键，❷在弹出的快捷菜单中选择"删除"命令，如图8-23所示，将文本框删除。

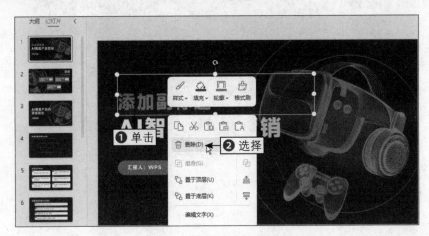

图 8-23　选择"删除"命令

步骤02 单击下方汇报人文本框，输入汇报人名称，这里输入"汇报人：小优"，如图8-24所示。

图 8-24　输入汇报人名称

步骤03 ❶选择第4张幻灯片，按住【Ctrl】键的同时，❷依次选中幻灯片中的正文文本框，如图8-25所示。

步骤04 在"开始"功能区中，设置"字号"为20，如图8-26所示。用同样的方法将其他幻灯片中字号较小的文字调大。

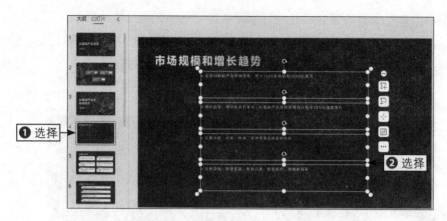

图 8-25　依次选中幻灯片中的正文文本框

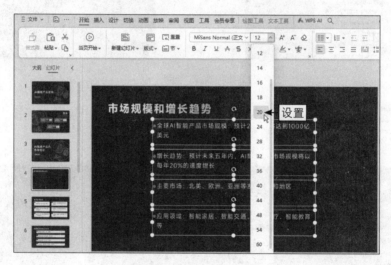

图 8-26　设置"字号"为 20

步骤 05　选择最后一张幻灯片，单击汇报人文本框，再次输入汇报人名称，效果如图8-27所示。

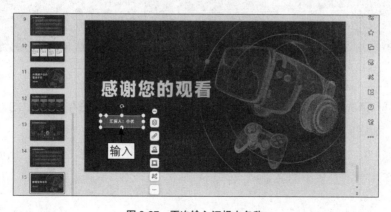

图 8-27　再次输入汇报人名称

8.2.4　通过AI添加演讲备注

在WPS演示文稿中，用户可以通过AI为PPT添加演讲备注，以便用户在进行演讲展示时可以更好地掌握进程和节奏，提高演讲的质量和效果。下面介绍具体的操作。

步骤01 在菜单栏中，单击WPS AI标签，如图8-28所示。

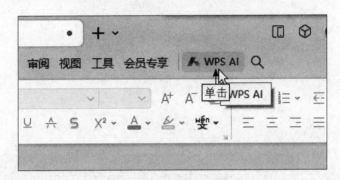

图 8-28　单击 WPS AI 标签

步骤02 在WPS AI面板中，选择"一键生成"选项，如图8-29所示。

步骤03 弹出"请选择你所需的操作项："对话框，在其中单击"生成全文演讲备注"超链接，如图8-30所示。

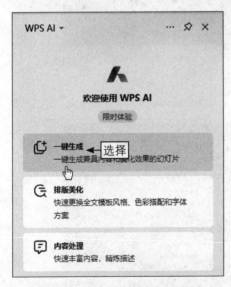

图 8-29　选择"一键生成"选项

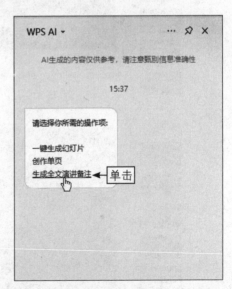

图 8-30　单击"生成全文演讲备注"超链接

步骤04 稍等片刻，即可生成演讲备注，单击"应用"按钮，如图8-31所示。

步骤05 执行操作后，可以在每一页幻灯片的备注栏中查看生成的演讲备注内容，部分内容如图8-32所示。

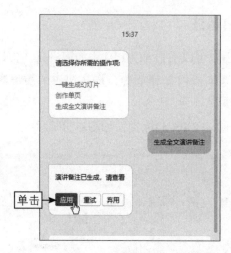

图 8-31　单击"应用"按钮

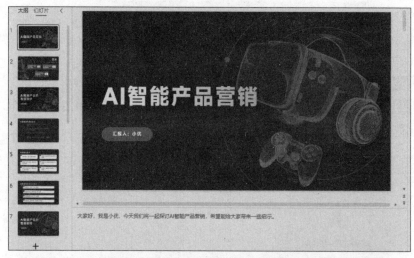

图8-32　查看生成的演讲备注内容（部分内容）

8.3　AI表格：制作员工档案信息表

员工档案信息表是指员工在企业备案的信息，由于企业中的员工人数较多，且流动量大，一般人力资源部门会对每个新员工进行资料记录，对各部门的人员信息进行汇总，以便对日后员工信息产生的变化进行更改，为以后企业做出的决策提供依据。员工档案信息表主要包含员工编号、姓名、部门、职务、学历、身份证号码、性别、出生日期、年龄、联系电话与现居住地址等。

8.3.1　获取"员工档案信息表"AI模板

在WPS的"新建智能表格"界面中，用户可以通过单击"AI模板"缩略图获取"员工档案信息表"AI模板，省去创建、美化表格的操作过程。下面介绍具体的操作。

扫码看教学视频

步骤01 打开WPS，❶单击"新建"按钮；❷在弹出的"新建"面板中单击"智能表格"按钮，如图8-33所示。

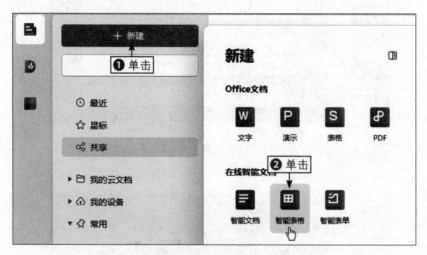

图8-33　单击"智能表格"按钮

步骤02 执行操作后，即可进入"新建智能表格"界面，单击"AI模板"缩略图，如图8-34所示。

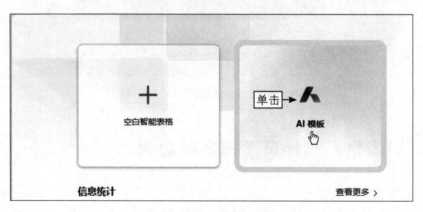

图8-34　单击"AI模板"缩略图

★ 专家提醒 ★

除了通过AI获得"员工档案信息表"模板，用户也可以在"新建表格"界面中，通过搜索的方式，找到"员工档案信息表"模板进行使用。

步骤03 弹出"AI模板"对话框，在下方的输入框中输入模板主题"员工档案信息表"，如图8-35所示。

步骤04 单击➤按钮发送，AI即可生成表格列，单击"民族"列右侧的⊖按钮，如图8-36所示。

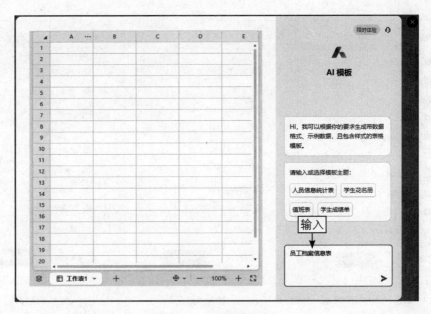

图 8-35 输入模板主题

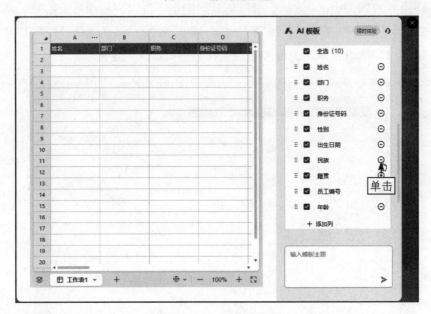

图 8-36 单击相应的按钮

步骤 05 执行操作后，即可将"民族"列删除，用与上同样的方法将"籍贯"列删除，单击"添加列"按钮，如图8-37所示。

步骤 06 执行操作后，即可新增一列，在文本框中输入"学历"，如图8-38所示。

步骤 07 用同样的方法增加"联系电话"和"现居住地址"两列，如图8-39所示。

图8-37　单击"添加列"按钮

图8-38　输入"学历"

图8-39　再添加两列

步骤08 拖曳列前面的⁝按钮，可以移动列的上下位置，按照员工编号、姓名、部门、职务、学历、身份证号码、性别、出生日期、年龄、联系电话、现居住地址的顺序重新排列，如图8-40所示，此时左边的工作表会同步产生变化。

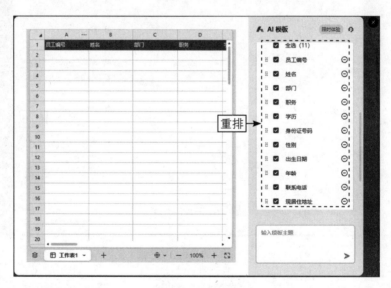

图8-40　重新排列

步骤09 单击"确定"按钮，即可生成表格和虚拟的数据内容，单击"立即使用"按钮，如图8-41所示。

步骤10 执行上述操作后，即可使用AI生成的表格和虚拟的数据内容，效果如图8-42所示。

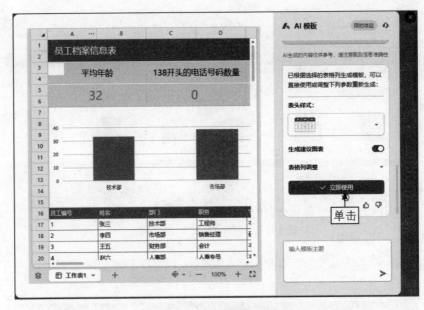

图 8-41 单击"立即使用"按钮

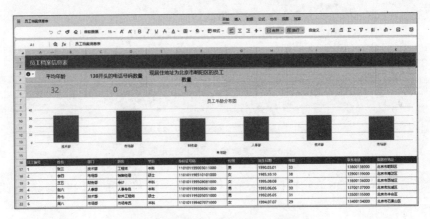

图 8-42 使用 AI 生成的表格和数据

8.3.2 输入相关内容并设置表格格式

扫码看教学视频

接下来需要将AI生成的虚拟数据删除，重新在表格中输入相关的数据内容，并设置表格的行高、列宽和对齐方式等。下面介绍具体的操作。

步骤01 在工作表中，选择A17:K22单元格区域，如图8-43所示，按【Delete】键将虚拟数据删除。

步骤02 执行操作后，在A17:K22单元格区域中，重新输入相关的数据内容，效果如图8-44所示。

193

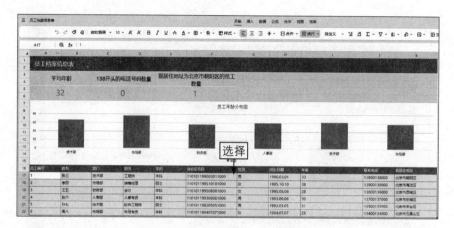

图 8-43　选择 A17:K22 单元格区域

图 8-44　重新输入相关的数据内容

步骤 03 选择C3:D6单元格区域，按【Delete】键将其中的内容删除，如图8-45所示。

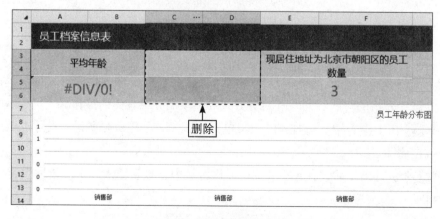

图 8-45　删除不需要的内容

步骤 04 ❶单击表格左上角的 ◢，全选表格；❷在功能区中单击"水平居中"按钮 ☰，如图8-46所示，将表格中的内容全部居中。

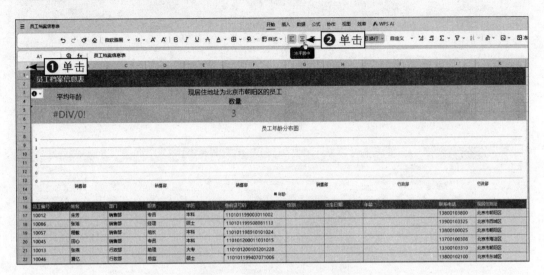

图 8-46 单击"水平居中"按钮

步骤 05 选择表格的第16行至第22行，单击鼠标右键，在弹出的快捷菜单中，设置"行高"为"25磅"，如图8-47所示，将行高调高。

步骤 06 选择表格的A列:E列，单击鼠标右键，在弹出的快捷菜单中，设置"列宽"为"10字符"，如图8-48所示，将列宽调窄一些。

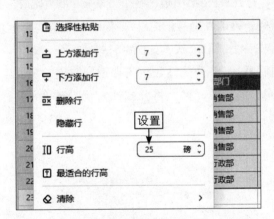

图 8-47 设置"行高"为"25磅"

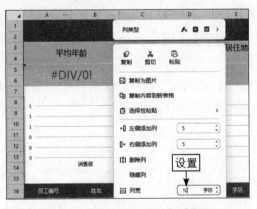

图 8-48 设置"列宽"为"10 字符"

★ 专家提醒 ★

在图 8-47 所示的快捷菜单中，选择"最适合的行高"命令，表格将根据单元格中的内容和字体大小，自动调整行高。

步骤 07 用同样的方法设置表格G列:I列的"列宽"为"10字符"，效果如图8-49所示。

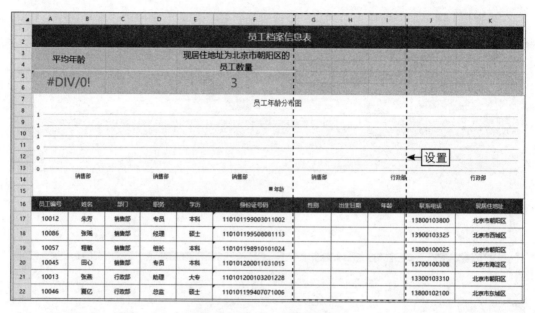

图 8-49　设置表格 G 列 :I 列列宽

8.3.3　使用AI提取身份信息

扫码看教学视频

接下来可以使用AI根据F列提供的身份证号码，提取性别、出生日期及年龄等身份信息。下面介绍具体的操作。

步骤01 在菜单栏中，单击WPS AI标签，打开WPS AI面板，在下方的输入框中输入指令"根据F17:F22单元格中提供的身份证号码，提取性别身份信息"，如图8-50所示。

步骤02 按【Enter】键发送，AI即可生成一个提取公式，如图8-51所示，在公式下方提供了两种使用方式，用户可以选择复制公式，将公式粘贴至需要返回数据的单元格中，提取相关数据；也可以选择需要返回数据的单元格，将公式插入至所选单元格中，提取相关数据。

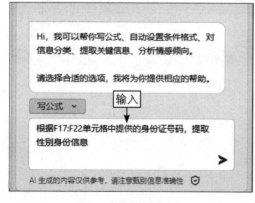

图 8-50　输入指令（1）

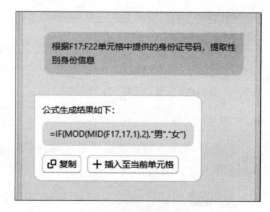

图 8-51　AI 生成的提取公式

步骤 03 这里选择第2种方法，选择G17单元格，如图8-52所示。

步骤 04 在WPS AI面板中，单击"插入至当前单元格"按钮，如图8-53所示。

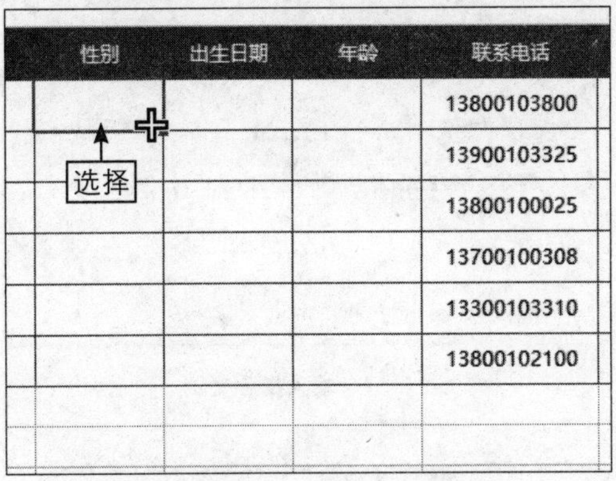

性别	出生日期	年龄	联系电话
			13800103800
			13900103325
			13800100025
			13700100308
			13300103310
			13800102100

图 8-52 选择 G17 单元格

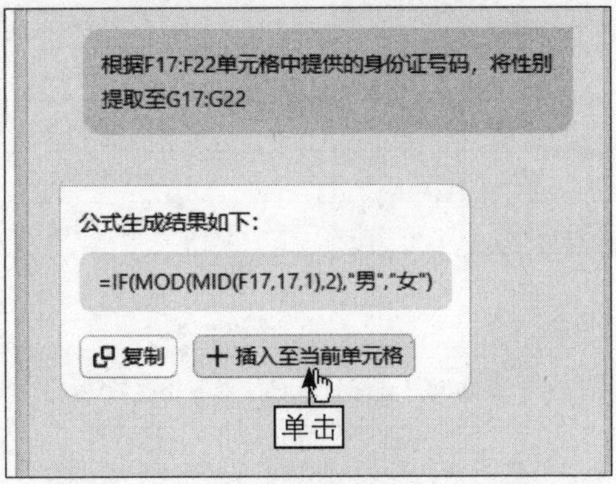

根据F17:F22单元格中提供的身份证号码，将性别提取至G17:G22

公式生成结果如下：

=IF(MOD(MID(F17,17,1),2),"男","女")

复制　＋插入至当前单元格

单击

图 8-53 单击"插入至当前单元格"按钮（1）

步骤 05 执行操作后，即可提取第1个员工的性别信息，效果如图8-54所示。

步骤 06 双击G17单元格的右下角，将公式向下填充至G22单元格中，批量提取员工的性别信息，效果如图8-55所示。

身份证号码	性别	出生日期
110101199003011002	女	
110101199508081113		
110101198910101024	提取	
110101200011031015		
110101200103201228		
110101199407071006		

图 8-54 提取第 1 个员工的性别信息

学历	身份证号码	性别	出生日期
本科	110101199003011002	女	
硕士	110101199508081113	男	
本科	110101198910 提取	女	
本科	110101200011031015	男	
大专	110101200103201228	女	
硕士	110101199407071006	女	

图 8-55 批量提取员工的性别信息

步骤 07 在表格中选择H17:H22单元格区域，如图8-56所示。

步骤 08 继续在WPS AI面板的输入框中输入指令"根据F17:F22单元格中提供的身份证号码，提取出生日期"，如图8-57所示。

步骤 09 按【Enter】键发送指令，稍等片刻，AI即可生成提取出生日期的公式，如图8-58所示。

步骤 10 单击"插入至当前单元格"按钮，如图8-59所示。

步骤 11 执行操作后，即可在H17:H22单元格区域提取身份证号码中的出生日期，如图8-60所示。

性别	出生日期	年龄	联系电话
女			13800103800
男			13900103325
女			13800100025
男			13700100308
女			13300103310
女			13800102100

选择

图 8-56 选择 H17:H22 单元格区域

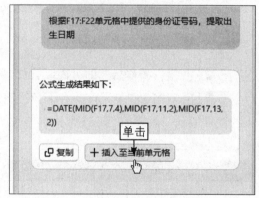

写公式 ∨

输入

根据F17:F22单元格中提供的身份证号码，提取出生日期

＞

AI 生成的内容仅供参考，请注意甄别信息准确性

图 8-57 输入指令（2）

根据F17:F22单元格中提供的身份证号码，提取出生日期

公式生成结果如下：

=DATE(MID(F17,7,4),MID(F17,11,2),MID(F17,13,2))

⎘ 复制　＋ 插入至当前单元格

图 8-58 AI 生成提取出生日期的公式

根据F17:F22单元格中提供的身份证号码，提取出生日期

公式生成结果如下：

=DATE(MID(F17,7,4),MID(F17,11,2),MID(F17,13,2))

单击

⎘ 复制　＋ 插入至当前单元格

图 8-59 单击"插入至当前单元格"按钮（2）

步骤12 在表格中选择I17:I22单元格区域，如图8-61所示。

性别	出生日期	年龄	联系电话
女	1990.03.01		13800103800
男	1995.08.08		13900103325
女	1989.10.10		13800100025
女	2000.11.03		13700100308
女	2001.03.20		13300103310
女	1994.07.07		13800102100

提取

图 8-60 提取出生日期

性别	出生日期	年龄	联系电话
女	1990.03.01		13800103800
男	1995.08.08		13900103325
女	1989.10.10		13800100025
女	2000.11.03		13700100308
女	2001.03.20		13300103310
女	1994.07.07		13800102100

选择

图 8-61 选择 I17:I22 单元格区域

步骤13 在WPS AI面板的输入框中，再次输入指令"根据F17:F22单元格中提供的身份证号码，提取年龄"，如图8-62所示。

步骤14 按【Enter】键发送指令，稍等片刻，AI即可生成提取年龄的公式，如图8-63所示。

图 8-62　输入指令（3）

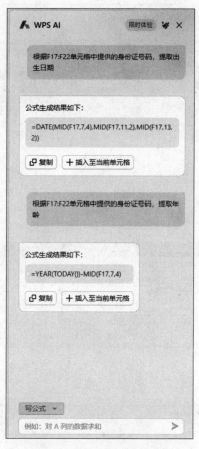

图 8-63　生成提取年龄的公式

步骤15 单击"复制"按钮，如图8-64所示。

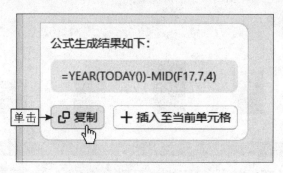

图 8-64　单击"复制"按钮

步骤16 复制生成的公式后，在编辑栏中按【Ctrl+V】组合键粘贴复制的公式，如图8-65所示。

步骤17 执行操作后，按【Ctrl+Enter】组合键，即可批量提取员工的年龄，效果如图8-66所示。

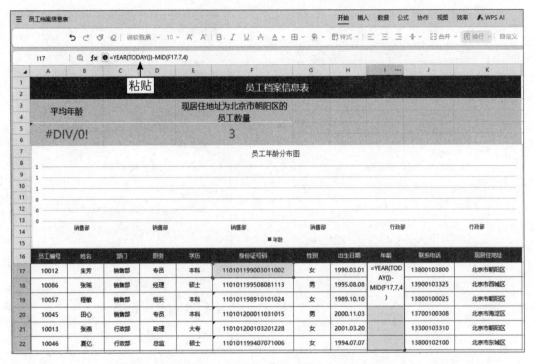

图 8-65　粘贴复制的公式

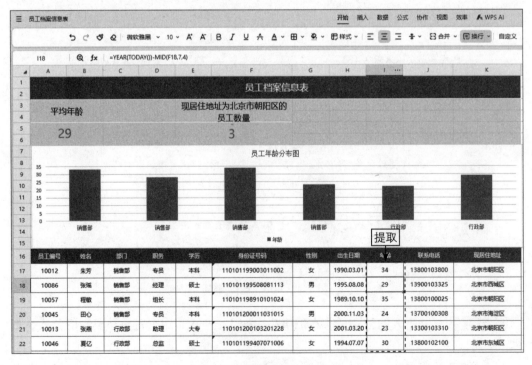

图 8-66　批量提取员工的年龄